中国新地标

CHINA'S NEW LANDMARKS

蓝橙晨夕 著

 五洲传播出版社

图书在版编目（ＣＩＰ）数据

地图上的中国. 中国新地标 / 蓝橙，晨夕著. -- 北京：五洲传播出版社，2024.9
ISBN 978-7-5085-4594-3

Ⅰ．①地… Ⅱ．①蓝… ②晨… Ⅲ．①中国－概况②建筑工程－介绍－中国 Ⅳ．①K92

中国版本图书馆CIP数据核字(2021)第222258号

审 图 号：GS（2021）8278号

中国新地标

作　　者： 蓝　橙　晨　夕
图　　片： 图虫创意
出 版 人： 关　宏
责任编辑： 苏　谦
装帧设计： 山谷有魚　张伯阳

出版发行：五洲传播出版社
地　　址：北京市海淀区北三环中路31号生产力大楼B座6层
邮　　编：100088
电　　话：010-82005927，82007837
网　　址：www.cicc.org.cn，www.thatsbooks.com
印　　刷：北京中石油彩色印刷有限责任公司
版　　次：2024年9月第1版第1次印刷
开　　本：1/20
印　　张：6
字　　数：100千
定　　价：48.00元

中国新地标

China's New Landmarks

前 言 ···

　　古老的中国历经几千年的发展变迁，到了21世纪的今天，不仅延续着传统的文明，也富有充满活力的现代化气息。人们不只想认识一个古老的中国，更想了解处于不断发展变化中的现代中国。

　　现代科技支撑下的中国，被人们戏称为"基建狂魔"。近几十年来，中国人在广袤的国土上，架桥、修路、盖楼，一座座大厦拔地而起，一条条不可思议的公路、铁路建成通车。人们逢山开路、遇水搭桥，似乎没有什么险恶的环境可以阻碍中国的建设发展。

　　人们在幽深的峡谷中建设高铁，在绝壁上开凿公路，在"魔鬼海域"里填海造桥……而那些位于大都市的歌剧院、博物馆、摩天大楼，也凭借其享誉世界的独特设计，成为中国的一张又一张靓丽的新名片。

　　中国地大物博，地形地貌种类丰富，在大山大川、江河湖海中，形成了很多壮美的景观，有天然的生态湿地，有奔腾的河流，有一望无际的草原，还有繁茂的森林。中国因地制宜，在这些地方设立保护区、建造配套工程，将这些自然景观开辟出新的功能。随着时间的流逝，这些地方不仅成为当地重点保护区域，还成为热门旅行胜地，更是一座城市的典型代表。

　　不仅如此，中国很多古老的建筑，在新的时代也重新焕发了生机。一条条千年的古巷，随着城市的发展和人们的需要，旧貌换新颜。在现代的规划之下，它们一边发挥着传承历史文明的作用，以原汁原味的风貌展现传统文化的魅力，一边又悄然聚集了现代时尚因素，吸引众多人前来体验，成为城市的新地标。

本书聚焦中国当代标志性的文化地标、特色建筑、重大工程等，通过这本书，你不仅可以看到中国现代科技的发展，了解到中国各大城市不同文化特色的发展规划，还可以见识到中国是如何把古人的智慧保留下来，并赋予其新的生命。这些新的地标性建筑，都极具代表性，它们代表了中国现代社会发展中的不同阶段。了解这些新地标，可以从一个侧面了解中国现代社会的发展变迁历程。同时，在这些地标的修建和改造过程中，你也能感受到中国人一直以来的自强不息和奋斗精神，以及与时代相融的智慧。

读完这本书，你会发现中国其实并没有那么神秘。中华民族勤恳朴实、努力开创，他们不仅保护着这片土地上几千年流传下来的各种文化，同时又并不保守，而是以与时俱进的思维建设出一个现代化的中国，这才让这片土地现代和历史并存、创新和传承交织。而这些各有特色的新地标，就是了解现代中国的一面窗口。

目　录

01

首都北京

北京大兴国际机场

■ 北京大兴国际机场是全球建设规模最大的机场，于2019年9月25日正式投入运营。

　　北京是中国的首都，也是一座有着3000多年历史的古城。1421年，明朝皇帝朱棣迁都北京，在随后的近5个世纪里，北京成为明清两朝的都城，这为其增添了许多伟大而灿烂的历史文化遗产。

　　北京大兴国际机场，是很多人踏入这座城市的第一步。如果从大兴国际机场上空俯瞰，可以发现，这座金光灿灿的建筑呈放射状向6个方向延伸出"触角"，形似一只展翅的凤凰。这一造型源于"浴火凤凰"的设计理念，机场整体设计延展都趋向这个理念。凤凰是中国古代神话传说中的百鸟之王，在中华文化中具有极高的地位。凤凰是瑞鸟，凤凰展翅象征着吉祥，代表着美好、幸福的生活。北京大兴国际机场就带着这样美好的寓意正式建成，它因此有了一个好听的别名：火凤凰。

　　北京大兴国际机场建成后，成为现今全球建设规模最大的机场，它已经创造了40余项国际、国内第一。例如，机场航站楼总面积70万平方米，是世界上最大的无缝钢结构建筑，也是世界首个拥有两个抵达层和两个出发层的航站楼。大兴国际机场还引入了5G、人脸识别、VR（虚拟现实）体验等高度智能化的技术，这些智能"黑科技"大大简化了旅客登机流程。旅客只需要"刷脸"，就可以完成安检、登机等环节，可谓"一张脸"走遍机场。

这样一个超级工程，从设计方案问世到最终建成，一直都是业内津津乐道的话题。其实，北京大兴国际机场的放射形状，并不仅仅是为了让它像一只凤凰。在这之前，世界上大多数机场都是传统的横向分散布局，旅客从入口到登机口的距离往往都会比较长，而北京大兴国际机场最后采用的放射式造型，大大缩短了旅客在机场内的步行距离，从航站楼到登机口，最远的距离仅仅600米，远低于其他相似容量的航站楼。旅客行走在开阔的航站楼内，很快就能到达自己要去的登机口。

在北京大兴国际机场动工前，它所处的位置只是一片默默无闻的农田；如今，它如同凤凰展翅，一跃成为世界的"新晋网红"，向人们展示着它作为世界上最繁忙和最大的交通枢纽之一的魅力。

鸟巢和水立方

■ 鸟巢和水立方分别是2008年北京奥运会的主体育场和主游泳馆，也是2008年北京奥运会的标志性建筑。

鸟巢和水立方，是根据这两栋建筑的外形而命名的，十分形象化。鸟巢的外形酷似一个由树枝编织成的鸟巢，而水立方的场馆外墙则布满了类似水分子结构的蓝色"水泡"。它们正式的名称是国家体育场和国家游泳中心，不过人们更喜欢用形象化的别名称呼它们。

提到鸟巢和水立方，人们自然会将它们和2008年那场盛会联系起来。为了迎接2008年北京奥运会，筹备组提前6年开始筹建体育场和游泳馆。体育场的设计方案是面向全球征集的，足足经过了3轮竞选，历时5个月，才最终敲定。鸟巢这一设计方案，在最终评审时以压倒多数的票数胜出。5年后，鸟巢以令人惊艳的形象出现在人们的面前。从空中俯瞰，鸟巢宛如一个巨大的容器；如果置身场馆内环顾四周，会觉得它更像一个大碗。这样的结构设计，可以使场馆内人群的注意力更容易集中到场地中央，同时也

能积极地调动起运动员的情绪。关于这一设计理念，还有一种更为温馨的解释：容纳10万人的体育场编织成的温馨鸟巢，象征着孕育与呵护生命的摇篮。

如果说鸟巢是圆形的，那么方方正正的水立方则与它相呼应，体现了中国古代"天圆地方"的哲学思想。这个湛蓝色的水分子建筑，与它的水上运动场馆功能紧密结合了起来，走入其中，会感觉仿佛置身于海洋当中。

在2008年8月8日奥运会开幕之时，鸟巢和水立方正式投入使用。奥运会期间，它们承担了比赛任务；奥运会之后，它们也并没有被荒废。鸟巢彻底转型为全民参与的体育活动和娱乐活动场所，时常举办体育赛事和娱乐晚会等；而水立方则成为集运动、健身、休闲为一体的水上娱乐中心。

隔街相望的鸟巢和水立方，并不是孤零零的两座建筑。它们带动了周边各项产业的发展，使奥林匹克公园中心区逐渐成为集合商业、文化、体育、居住多种功能的新型城市区域，也是北京的新地标和游客必去的旅游景点之一。

国家大剧院

■　　国家大剧院位于北京市中心天安门广场西侧，是"新北京十六景"之一，也是北京的地标性建筑之一，2008年12月获国内建筑行业工程质量最高奖"鲁班奖"。

国家大剧院设计方案的确定经历了激烈的竞争。设计方案选定历时1年零3个月，来自10个国家的36家设计单位提交了69个方案参加评选，经过两轮竞赛和三次修改，最终选定了法国巴黎机场公司设计、清华大学配合的设计方案，主持设计者是法国著名建筑设计师保罗·安德鲁。在这个项目里，中国敞开大门向全球设计师发出邀请函，最终以中外合作的模式进行设计规划，使国家大剧院最后呈现的面貌令人无比惊喜。

2007年6月，国家大剧院紧邻长安街的工程围挡被拆除，人们终于得以一睹其真容。这座充满想象力的椭圆蛋壳形建筑，成为北京长安街上一处耀眼的新地标。同年，国家大剧院正式投入使用。

国家大剧院所处的位置在长安街南侧、人民大会堂西侧，是北京市的核心地带。因为紧邻人民大会堂，国家大剧院在建设时有一个硬性的要求——高度不能超过人民大会堂的高度，即不能超过46米。但这一高度无法实现剧院的功能要求，如何解决这个问题？既然高度不可超过46米，那么就只能向地下延伸。我们所见的国家大剧院外观，只是它地上的一部分，而它60%的建筑面积都在地下，单单地下深度就达10层楼高，是北京地区公共建筑中最深的地下工程。

从国家大剧院所处的位置来看，这样的设计方案相当不易，因为在其地下17米处，就是永定河的古河道，蕴藏着丰富的地下水，这会影响整个国家大剧院的地基建设。为了解决这一难题，工程技术人员经过精密测算，决定用

混凝土从地下水最高水位直到地下60米粘土层浇筑一道地下隔水墙。这个由地下混凝土墙体形成的巨大"水桶"，将国家大剧院地基围得严严实实，同时也不会影响到周围建筑的地基。

国家大剧院还拥有世界最大的穹顶，穹顶面积达3.6万平方米。更令人叹为观止的是，穹顶没有使用一根柱子支撑。此外，穹顶进行了有效的防噪处理，即使下雨，也不会发出万鼓齐鸣的声音。国家大剧院周围的水池也进行了特殊处理，冬天不结冰，夏天不长藻，一年四季都如一汪春水，让人心旷神怡。

国家大剧院建成后，许多著名的导演和指挥家都对其赞不绝口，认为它功能完善，且能大大激发艺术灵感。无论是它的设计、观感，还是在这里演出的艺术团队，都为国家大剧院增添了与众不同的艺术魅力。

北京丽泽SOHO

■   北京丽泽SOHO是北京丰台丽泽商务区地标性建筑，它拥有全世界最高的中庭，2022年获得全球公认的绿色建筑评价标准LEED（能源与环境设计先锋）金级认证。

站在丽泽SOHO之外看，它似乎没有太多的酷炫因素：这座建筑整体就像一个椭圆形的水桶，外立面都用玻璃幕墙进行包裹。它是世界著名设计师扎哈·哈迪德的收官之作，大概也是扎哈设计的所有建筑中最为低调的，外形中规中矩。

但走进丽泽SOHO，你一定会眼前一亮。因为丽泽SOHO的中庭不仅仅追求高度，它是一种类似DNA双螺旋曲线的空间形态，站在中庭抬头向上看，会让人感觉仿佛置身于科幻世界。丽泽SOHO高达200米的中庭是世界最高的中庭，整个建筑钢结构的用量达1.83万吨，相当于2.5个埃菲尔铁塔。

这样的扭转式设计结构，不仅看上去壮观，还具有很奇幻的实用性。你会发现，站在建筑内部的每一层观看中庭时，都会呈现出不同的视觉效果，室外风景也各不相同。阳光投射的角度会随着旋转的角度发生改变，最终在

室内会形成极富戏剧性的光影效果。这样的效果到底有多奇妙，只有亲自去体验一下才能更直观地感受到。

到了夜晚，丽泽SOHO的外形就变得格外抢眼。从远处平行看去，当楼体所有的灯光亮起时，它就像屹立在那里的一只巨大而明亮的眼睛，炯炯有神地望着这个繁华的都市。正是因为这样的造型，丽泽SOHO也被人们称作"首都之眼"。

著名建筑与设计杂志Dezeen将丽泽SOHO评为2018年全球十大最受期待建筑之一。当然，它的影响力，并不仅仅体现在造型设计方面。

丽泽SOHO是丽泽金融商务区重要的交通枢纽，多种交通方式在这里汇集，大大提高了交通速度与效率。地下直连大兴国际机场航站楼，乘快轨20多分钟就可以到达机场。在这栋建筑的楼顶，还设计有一处停机坪，在紧急情况下用来停放救援飞机。

在丽泽SOHO的31层，有一个面积500多平方米的5G实验室，丽泽金融商务区将打造为国内首个5G全覆盖金融商务区。无论是从造型设计还是使用功能上看，丽泽SOHO都称得上一个"酷"字。

798 艺术区

■　798 艺术区是北京市都市文化新地标，2003 年被美国《时代》周刊评为全球最有文化标志性的 22 个城市艺术中心之一。

在 798 艺术区这个占地面积达 60 多万平方米的巨大空间里，几乎从早到晚人来人往熙熙攘攘。这些人尤以当下时尚的年轻人为主，去 798 看艺术展出已经成了一种极其前卫的时尚艺术活动。

然而在几十年以前，这里还是一个充满异国风格建筑的厂区。它安静地伫立在北京市朝阳区偏远的地方，很多老北京人都不太清楚这些厂房是干什么的。在 798 内部有大型工厂都有的配备：硕大的锅炉、纵横交错的热力管道以及空旷高大的生产车间。

如今，那些高大的锅炉旁悬挂着巨大的涂鸦，管道旁竖立着极具艺术感的雕塑。这种极大的反差赋予了 798 天然的视觉冲突，也让整个 798 成为先锋艺术的代名词。

798 所在的地区，原本是民主德国援助建设的华北无线电器材联合厂（简称 718 联合厂），1952 年开始筹建，1957 年投入生产。798 是 718 联合厂的分厂之一，是占地面积最大、人员最多的一个分厂。建成后的几十年，798 厂一直从事无线电器材生产。但进入 20 世纪 90 年代，随着科技的进步，其产品逐渐被社会淘汰，工厂的运转相应地变得非常困难。于是，工厂的运营者便决定将厂房出租。1995 年前后，中央美院的艺术家们接到一个任务——创作卢沟桥抗日战争纪念雕塑群，正愁找不到合适的创作场地，后来经人介绍，找到了 798 的厂房。艺术家们觉得厂房采光适宜，非常适合艺术创作。于是，这些人成为最早来到 798 的一批艺术家。

此后，陆陆续续有很多艺术家搬到这里进行创作。从

　　2001年开始，来自北京周边的艺术家开始大规模聚集在这里。他们在原有厂房的基础上进行艺术化的装修和装饰，使798逐渐成为北京最富有特色的艺术展示和创作空间。

　　如今，798已经成为北京独有的艺术区，集画廊、艺术中心、艺术家工作室、时尚店铺、餐饮酒吧为一体。它极具当代艺术活力，成为北京都市文化新地标。

南锣鼓巷

■ 美国《时代》周刊曾精心挑选出亚洲25处不得不去的地方，北京南锣鼓巷就榜上有名。这条始建于元朝的古巷，在老北京最原始的味道中开始焕发生机，仿佛古今交错，吸引着全世界的游客来此一探风姿。

南锣鼓巷至今已有740多年的历史，胡同内部格局完整，是一条极具老北京风情的街巷。它呈南北走向，长约800米，东西各有8条胡同，排列整齐。北京的老胡同有很多，南锣鼓巷之所以能成为北京的新地标，与它厚重的宅院历史以及21世纪以来时尚文化的融入不无关系。

南锣鼓巷及周边区域曾经是13世纪元朝首都元大都的中心，明清时期一直都是达官显贵云集之处，王府豪庭数不胜数。直到20世纪初清王朝覆灭后，南锣鼓巷的繁华才随之慢慢落幕。幸运的是，南锣鼓巷内部的元代里坊格局、明清名人府邸等都被很好地保存了下来。

虽然南锣鼓巷在清朝后期就不复繁华，但是那些传奇的宅邸依然吸引着众多重要的人物来此居住。

中国著名的国画大师齐白石曾住在南锣鼓巷的雨儿胡同，这里原本是清朝一个总管大臣的私宅，院子很宽敞，保存得也很完整。现在这个宅子作为齐白石故居对外开放，在这里，可以看到齐白石用过的画案和被子等旧物。出了雨儿胡同继续往北走就是著名的帽儿胡同，帽儿胡同是清朝末代皇后婉容婚前的住所，婉容的娘家就在此地。中国著名文学家茅盾的故居也在南锣鼓巷，虽然看起来很不起眼，里面却是按照茅盾生前的样子布置的。

如果说这些富有老故事的宅院赋予了南锣鼓巷名气，那么后来时尚文化的融入则为南锣鼓巷注入了新的活力。从21世纪开始，许多酒吧开始出现在南锣鼓巷，随后这里很多临街的房子被租下来，变成了形式多样的个性店铺。它们吸引着越来越多的年轻人走进南锣鼓巷，在历史与现代融合的氛围中体验别样的风情。

02

北方大地

"天津之眼"摩天轮

■ **"天津之眼"摩天轮是世界上唯一一座建在桥上的摩天轮，是天津的地标之一。**

天津地处中国北部，东临渤海，是中国北方最大的港口城市。天津水路发达，自古因漕运而兴起。1860年被辟为通商口岸后，英法等国纷纷在此设立租界，天津由此成为当时中国北方开放的前沿，也是近代中国洋务运动的基地。

在天津海河永乐桥上，有一座与桥合二为一的巨大的摩天轮，被称为"天津之眼"。其直径甚至超越了海河的宽度，到达最高点时，距离地面的高度可达到120米左右，相当于35层楼的高度，在上面能看到方圆40千米的景致，将天津的繁华尽收眼底。因此，这座摩天轮成为名副其实的"天津之眼"，堪与英国泰晤士河畔的"伦敦之眼"媲美。

"天津之眼"摩天轮所在的地区，自古就是商贸繁华之地。几十年前，摩天轮所在的位置还只是一座小钢桥，连接着河两岸的自由市场。进入21世纪，海河需要进一步开发，小钢桥再也无法满足人们的需要。但是，如何在打通海河两岸、融两岸繁华为一体的同时，吸引更多游客，同时实现经济价值、实用价值与览赏价值呢？

桥梁设计者们想了很多种办法，但无论是从景观设计还是旅游观光的角度来看，不管采用何种桥型，单凭桥梁都很难吸引众多的游客。最后，受到泰晤士河畔"伦敦之眼"启发，设计者们决定将巨大的摩天轮架设于100米宽的海河河口之上，并与永乐桥的建设相结合。

与"伦敦之眼"和桥梁并行的设计不同，"天津之眼"采用两层桥的形式，上桥机动车行驶，下桥设置摩天轮站

台和等候室，并同时设有餐饮和商铺。这样一来，这座摩天轮便真正地建在了桥上，成为世界上唯一一座建在桥上的摩天轮。

　　"天津之眼"落成后，很快就成为天津本地人休闲娱乐的新宠和外地旅行者必去之地。到了夜晚，摩天轮上不同色彩、不同亮度的灯光组合变幻不停，48个透明座舱每28分钟就可旋转一圈。这颗镶嵌在海河上的明珠，为天津增添了许多浪漫的基调，它承载着热恋的情侣、欢快的儿童、恩爱的夫妻慢慢转到最高处，每一个座舱里都有一个难忘的故事。

国家海洋博物馆

■   国家海洋博物馆是中国首座国家级综合性、公益性海洋博物馆，它的建成结束了中国没有一座与海洋大国地位相匹配的综合性国家海洋博物馆的历史。

如果说故宫博物院是中华民族陆地文明的代表性博物馆，那么，国家海洋博物馆则是中华民族海洋文明的代表性博物馆。国家海洋博物馆也因此被称为"海洋上的故宫"。

国家海洋博物馆坐落在滨海城市天津。2007年，全国30余位院士一致提议，希望兴建国家级海洋博物馆。中国是海洋大国，海洋国土面积几乎是陆地面积的1/3，中华文明几千年的历史，不仅仅拥有灿烂的陆地文明，同时也拥有丰富的海洋文明。因此，建设一座国家级海洋博物馆势在必行。很快，这一项目得以立项，博物馆的设计工作也如火如荼地展开了。这座意义重大的建筑，从设计到建成足足用了8年时间，2019年5月终于进入试运行阶段。

国家海洋博物馆场馆总建筑面积达8万平方米，主体共有三层，分为六大展区，同时设有商店、餐厅、咖啡厅、影院等休闲娱乐场所。场馆设计最大的亮点就是将陆地和海域结合在一起。从空中俯瞰，整个场馆由四座白色流线型大型建筑组合而成，它们跨越陆地和海岸，就像一只巨大的海洋生物伸向大海。因此，场馆的造型也被称为"飞鱼入海"，象征着自然生物从陆地向海洋延伸。

国家海洋博物馆内充分展现了中国的海洋文化。在这里，游客可以见证中国丰富的海洋资源、从远古到现代神秘的海洋文明，以及古代海上丝绸之路的辉煌。对于游客来说，国家海洋博物馆是一个梦幻的海底世界，那些珍奇的海洋生物、令人叹服的古代船只，都极具看

点。通过这些展品，游客可以充分感受到地球、海洋、其他生物与人类之间互相依存、和谐共生的关系。

国家海洋博物馆不仅成为天津的文化地标，也成为中国海洋事业的里程碑，寄托着中国人的海洋强国之梦。

天津港

■ **天津港是中国北方最大的综合性港口，也是世界上等级最高的人工深水港。**

在天津港的码头上，可以看到一种无人驾驶的电动卡车，它们在港口上精准地行驶、停靠，还能灵巧地接卸、避障，不需要人工操作就可以自动完成港口运输、装卸等方面的指定动作。而那些本来需要从事体力劳动的工人，现在只需要坐在中控室内，通过大屏幕就可以远程作业。

天津港作为中国北方最大的综合性港口，近年来一直致力于创新，力争打造世界一流的智能港。2019年年初，全球首台无人驾驶电动卡车就在天津港进行了试运营。

作为一个历史悠久的港口，天津港一直是中国北方重要的对外贸易口岸。在唐代，这一地区就已经初步形成了海港。当时的海港位于永济渠、滹沱河和潞河三水汇流入

海处，称为"三会海口"，从江南漕运来的粮食都要在此装仓转运。之后，在海港的带动下，天津地区得到快速的发展。可以说，天津就是一个因港而建、由港而兴的城市。

1860年，清政府被迫与英、法、俄三国分别签订《北京条约》，天津被辟为通商口岸，正式对外开埠，天津港由此成为中国最早对外通商的港口之一，也成为中国北方最大的码头。

如今天津港依然发挥着极其重要的作用，是中国华北、西北地区能源物资和原材料运输的主要中转港，同时也是北方地区的集装箱干线港和发展现代物流的重要枢纽。2013年，天津港货物吞吐量首次突破5亿吨，成为中国北方第一个5亿吨港口。2023年，天津港的货物吞吐量和集装箱吞吐量分别达到5.58亿吨和2217万标准箱。在现代科技的引领下，天津港已经逐步发展成为设施先进、运行高效的现代化、多功能综合性港口。

阿那亚社区

■ **阿那亚社区地处中国最美八大海岸之一的昌黎黄金海岸腹地，拥有"孤独的图书馆"、UCCA沙丘美术馆、阿那亚艺术中心等多栋风靡全国的艺术建筑。**

在河北省秦皇岛市昌黎县黄金海岸中区，坐落着一个旅游资源非常丰富的综合社区——阿那亚社区。让它迅速走红、成为秦皇岛市甚至整个中国北方海滨新地标的，是社区内与众不同的几栋建筑。

一说起阿那亚，人们首先想到的就是那座"中国最孤独的图书馆"。之所以称之为"孤独的图书馆"，是因为它独自伫立在空旷的沙滩，面朝大海，去往这里，要在沙滩上一步一个脚印走上几百米才能到达。比起其他位于城市中的图书馆，它藏书有限，却有一种独特的孤独氛围蕴含其中。之所以要在沙滩上建造这座图书馆，是因为它蕴含着一种"人生是历经长途跋涉之后的返璞归真"的寓意，给予人们直达心灵的精神空间。

　　图书馆建成后，阿那亚又建造了许多极具艺术个性的建筑。如UCCA沙丘美术馆，就如同藏于沙丘之下的神秘洞穴，整个建筑布满大大小小的洞口，并且墙体全是曲面的。靠海的洞口用几面通透的落地玻璃装潢而成，通过窗户从内部向外望去，仿佛置身海天之间，和沙丘融为一体。这是一种前所未有的建筑方式，作为一座美术馆，这座建筑本身就是艺术的精彩呈现。阿那亚艺术中心由知名建筑师郭锡恩和胡如珊夫妇设计，他们的设计理念同样是把艺术和大海合二为一。艺术中心建筑的外观，就像一块卧于海岸的岩石，并且它可以随时间变化，亦动亦静。在建筑内部，有一个巨大的倒锥形的空间，底部是圆形的庭院，庭院的边缘设有座位。这是一个圆形剧场，人们可以在这里聚会、看表演，度过一段美好的时光。

　　阿那亚的艺术建筑受到了年轻人的热爱和追捧。阿那亚社区也因此超越了常规海岸社区，成为独一无二的理想度假胜地。

哈尔滨冰雪大世界

■　　冰雪大世界位于黑龙江省哈尔滨市，是一个集观赏性和娱乐性为一体的大型冰雪艺术精品工程。

　　哈尔滨位于中国的东北部、东北亚中心地带。哈尔滨历史悠久，是中国著名的历史文化名城。因为纬度较高，冬天气温极低，哈尔滨还有一个别称——冰城，冰雪文化也成为哈尔滨最著名的名片之一。

　　从1999年开始到2024年，哈尔滨先后举办了25届冰雪大世界，每一届的主题都各有特色。冰雪大世界内部主要由壮观的巨大冰雕、冰雪景观和冰雪建筑组成，同时还有滑雪、溜冰、雪地摩托、滑梯等30多项冰雪娱乐项目，再配备各类表演和庆典，让冰雪大世界融观赏性和娱乐性为一体，充分展示了中国北方冰雪城市中冰雪文化和冰雪旅游的魅力。

　　哈尔滨冰雪大世界每年都需要几十万立方米冰，那如此之多的冰来自哪里呢？其实都是就近取材，它们取自松花江天然冰层，采冰工作都是在江面冰层完成的。每年冬天来临时，哈尔滨冰雪大世界的采冰和建设工作便拉开了帷幕。为保证足够的优质冰供给，在松花江上每天都有上百名采冰人和多辆运冰车在冰面上裁冰、采冰，场面蔚为壮观。采集好的冰块被运输到冰雪大世界的建设场地等待下一步加工，它们将被打造出各式各样的造型，成为冰雪景观艺术的一部分。

　　哈尔滨冰雪大世界是一个神奇的乐园，在这里，无论是大人还是孩子，都会被这如梦似幻的冰雪世界所震撼。这个冰雪乐园，成为哈尔滨最具有代表性的旅游新地标。

郭亮挂壁公路

■ **郭亮挂壁公路被评为"世界最险要的10条公路"之一、"全球最奇特18条公路"之一。**

40多年前，太行山深处的郭亮村还是名不见经传的贫瘠之地，一切的改变，都是从一条挂在绝壁上的公路开始的。

郭亮挂壁公路，悬挂在直上直下的悬崖峭壁间。它通向位于河南省新乡市西北60千米的郭亮村，是这个位于太行山深处的只有几十户人家的小山村唯一与外界相连的道路。这条绝壁公路始建于1972年，工程量大、施工难度高，却不是用机械开挖而成，而是郭亮村的村民一斧一斧凿出来的。据说，为了修这条路，郭亮村的村民甚至付出了生命的代价。他们为什么要这样决绝地靠人力去在悬崖之间挖一条公路呢？

太行山脉地势险峻，多悬崖和峡谷，这样的地势成为天然的屏障，使生活在悬崖上的郭亮村村民在过去得以免受战乱的侵扰，但也让他们的出行多有不便。直到20世纪60年代，郭亮村村民依然只能依靠一条古老的山路出入大山。这条山路同样在绝壁之上，只可容一人通过，非常险峻，当地人称它为"天梯"，走在上面，稍有不慎，就可能坠落悬崖。可想而知，这样的环境使郭亮村人世世代代几乎与世隔绝，村子也陷入闭塞而贫困的境地，村里的年轻

人很难娶到妻子，因为没有哪个姑娘愿意嫁到这样的地方来。郭亮村人祖祖辈辈为了生存付出了巨大的代价，这是促使他们下定决心一定要修一条公路的主要原因。

1972年，郭亮村的村民们决定开始修建一条通往县城的公路。他们认为最近的通路就是在村口的峭壁上开凿一条1000多米的隧道。没有测量仪器，村民们仅仅靠在悬崖顶目测和步测的方式，确定了公路的位置和走向。他们商定每10米，公路的高度就下降1米。没有测绘尺，他们就靠绳子计量。定好位置后，村民们捆绑着绳子从悬崖上下降到指定地方，在崖体上敲定标志。最后，将所有的标志连成一条线，就是公路的走向。

施工路线与施工方式虽然确定下来了，但施工难度依然很大，因为岩石非常坚硬。郭亮村人先是在13个点放置了爆破装置，爆破出山洞后，再向里开挖，最后将所有的山洞贯通。这些爆破点留下的痕迹，就是挂壁公路上天窗样的洞口。

郭亮村人整整花费了5年时间，才修成这条公路。1977年5月1日，这条被称为"绝壁公路"的隧道开进了第一辆汽车，主要负责开凿的13位村民被称为郭亮村"十三壮士"。

现在，郭亮挂壁公路不仅实现了郭亮村人走出大山的梦想，也成为太行山深处绝妙的奇观和象征郭亮村人坚韧精神的人文地标，吸引着来自各地的游客前来一窥真容。

03

活力华东

上海外滩

■ 外滩位于上海市黄浦区的黄浦江畔，是上海著名的历史文化街区，也是旧上海租界区所在地，是整个上海近代化的起点。

上海位于长江三角洲地区，是中国经济最发达的城市之一。在中国近代史上，由于上海港口城市的便利性，很多西方国家纷纷在此建立租借地。在中西方文化的交融下，上海形成了特有的海派文化。

1844年，英国人看中了上海黄浦江畔长达1.5千米的地域，于是，这里便开始了长达近百年的租借史。上海被辟为商埠以后，外国的银行、商行、总会、报社开始在此云集，客观环境推动外滩逐渐成为全国乃至远东的金融中心。

在这之前，外滩所在的区域还只是一片自然滩地。黄浦江自然涨潮退潮，在这里形成了一大片滩涂。在上海的人习惯用词中，一般把河流的上游叫作"里"，把河流的下游叫作"外"，这片滩涂处于黄浦江下游地区，因此，这里

被称作"外黄浦滩"，简称"外滩"。

外滩成为租借地后，命运被彻底改变。英、法等国在这里大兴土木，营建各式各样的大楼。随着金融业逐渐发展，外国人在外滩进行经营、管理和建设，使外滩拥有了"东方华尔街"之称。

百年后，外滩依然保存着大量完好的租界建筑和历史遗迹。矗立在外滩的52幢风格迥异的古典复兴大楼，被称作"万国建筑博览群"，而这些建筑到现在有一大部分仍然在被使用。比如1927年建成的外滩13号海关大楼，现在依然是上海海关的驻地；外滩2号曾是上海最豪华的俱乐部——上海总会，现在则是东风饭店；还有很多老银行的行址，现在已改头换面，成为中国一些现代化银行的办公所在地。

外滩不仅是旧上海十里洋场的真实写照和中国近代历史的重要见证，同时也以其繁华别致的景色，成为上海最亮丽的地标之一。

上海陆家嘴

■ 　陆家嘴与外滩隔江相望，是众多跨国银行的大中华区及东亚总部所在地，也是中国最具影响力的金融中心之一。

如果说外滩是近代上海发达的标志，那么，新中国成立并快速走上现代化发展道路后，与外滩隔江相望的陆家嘴就成为现代上海飞速发展的缩影。

矗立在浦江东岸的东方明珠广播电视塔是这座繁华大都会的一颗璀璨明珠，它镶嵌在陆家嘴，自建成起就是上海的标志性建筑。

东方明珠广播电视塔高达468米，造型新颖、结构独特。从远处看，塔身的球体宛如一大一小两颗红宝石，但实际上，东方明珠整体是由11个大小不一、高低错落的球体组成的。夜幕降临时，塔身闪亮，缤纷夺目。

在塔体内部，还设有观光层、陈列馆和旋转餐厅等功能室，可以供游客参观、休息和就餐。在观光层俯瞰，黄浦江与外滩的风光尽收眼底。

1995 年 5 月，东方明珠广播电视塔正式投入使用。它不仅承担了上海广播电视信号发射任务，也作为旅游胜地，接待世界各地慕名而来的游客。在投入使用当年，东方明珠广播电视塔就接待了 15 位外国元首和首脑，此后近 20 年中一直都是上海耀眼的名片之一。

在离东方明珠不远处，还有一座高 632 米的大楼，这座巨型高层地标式摩天大楼就是上海中心大厦。2016 年正式投入使用后，它已经超过了附近的上海环球金融中心，成为上海第一高楼，也是中国第一高楼。

站在上海中心大厦的最高处看云卷云舒，仿佛进入仙境。这座螺旋状上升的大楼，总体能容纳 4 万人和 2000 辆车。其巨大的体量，成为"垂直城市"当之无愧的范例。

上海中心大厦不仅仅是一座以高度取胜的摩天楼，它还是一个微型的生态城市。在楼体内部有商业区、写字楼，甚至还拥有 24 个空中花园，无论是工作、会展、观光还是休闲娱乐，人们不用离开大楼，就能完成所有的事情。这里还拥有世界上最快的电梯，每秒可上升 18 米。位于大楼第 118 层的"上海之巅"观光厅，更是可以 360 度俯瞰上海全貌，让人们在空中一睹上海的风采。

在外滩遥望陆家嘴，可以看到直入云霄的一座座现代化建筑；在陆家嘴眺望外滩，看到的则是一栋栋具有多国风格的洋房大楼。黄浦江两岸形成了现代与古典的鲜明对比，这里也因此成为了解新旧上海的必去之地。

上海新天地

■　**2020年1月6日，上海新天地入选2019上海新十大地标建筑。**

　　新天地位于上海市中心的淮海路中路南侧，是上海最繁华的地段，也是上海著名的旅游景点之一。这里有保留着旧上海历史风貌的古典建筑，也有中西结合的现代化建筑，功能涵盖购物、休闲、餐饮，是领略上海历史文化和现代生活形态的最佳去处之一，深受中外游客的喜爱。

　　但是在几十年以前，这里还只是古老破旧的里弄建筑群。里弄建筑是近代以来旧上海的主要民居形态，建筑内的房屋密度很高，房屋与房屋之间的道路间隔很窄。这些小通道密密麻麻布满居住区，就像毛细血管那样纵横交织。道路两旁的建筑综合吸收了江南地区民居和西方建筑的特色，以石头做门框，厚木做门扇，因此得名"石库门"。过去石库门给人的印象，是破旧、拥挤以及恶劣的居住条件。这样的建筑形态的确不适合上海的现代化发展。于是，20世纪90年代初期，上海开始了大规模的重建和开发，许多石库门里弄被彻底拆除，取而代之的是一幢一幢的高楼。然而，随着这些深刻印有时代记忆的建筑越来越少，人们发觉，应当将这种上海独有的建筑"艺术品"保留住。但如何破除老建筑的弊端，让其得以更有价值地保留呢？上海新天地便在对这一问题的思考之中应运而生。

　　新天地所在的位置就是旧上海遗留下来的一个石库门弄堂，是很多老上海人长大的地方。新天地在石库门民居的基础之上翻建而成，为了重现当年的形象，保留了大量石库门建筑原有的砖墙瓦，同时，内部加装现代化的建筑设施。在用途上，新天地改变了石库门原有的居住功能，

创新地赋予其商业经营功能，做到了既保护历史建筑又顺应城市的发展需要。

现在我们所看到的新天地被分为南北两个地块，北部地块保留了大部分石库门建筑，同时穿插着部分现代建筑；南部地块则以新建筑为主，配合少量石库门建筑；中间有一条商业步行街，将南北两个地块串联起来。

漫步新天地，你会感觉似乎置身于20世纪二三十年代的上海，但跨进每栋建筑内部，又非常现代和时尚。这样独特的体验，就像一幅具有动感的画，将上海的过去、现在和未来穿插交织在一起。

上海洋山深水港

■   上海洋山深水港自2002年至2020年分四期建设，其中，洋山四期是全球单体规模最大、综合智能化程度最高的自动化集装箱码头。

当传统码头的装卸工们需要每天爬上几十米高的桥吊，凭体力来回穿梭运送集装箱时，在洋山深水港四期码头，远程操控室里的司机们只需要动动手指，就能远程操控集装箱的装卸工作。在这里，一位司机可以操控六台轨道吊，他们跟写字楼里的白领没有两样。

上海洋山深水港位于杭州湾口外的嵊泗崎岖列岛，是中国首个在海岛建设的港口。自2005年12月10日开港起，它就是中国最大的集装箱港。到2010年，洋山港完成集装箱吞吐量2907万箱，首次超越新加坡成为全球最繁忙的集装箱港口。

但洋山港并没有止步于此，它一直在探索成为更先进的港口码头。2017年年底，上海洋山深水港四期码头开港试运行。与之前不同的是，四期建设充满了"黑科技"，采

用了全自动化集装箱码头的建设方案。开港后，洋山四期成为全球最大的单体全自动化码头，偌大的码头呈现出几乎无人在场却运转井井有条的奇观。

那么，自动化设备是如何运作的呢？首先，岸上的桥吊从船上抓起一个集装箱，在电脑的控制下，桥吊将集装箱放置到中转平台，然后中转平台的门架小车将集装箱稳稳抓起，移动到已经在地面等候的自动导引车上方，在程序的操控下，集装箱缓缓落下，整个过程耗时不到2分钟。

无人驾驶、自动导航、路径优化、主动避障，在洋山港，这样智能的控制系统堪称码头最快捷的"快递小哥"。而所有这些操作步骤，都是通过自动程序来完成的。

更值得一提的是，洋山港所在的位置原本是一个只有3000多名渔民的小渔村，离陆地30千米。洋山港则是在水深39米的海里填海造陆建设而成，新大陆土地面积达800万平方米，相当于1000多个标准足球场。在这之前，中国从来没有过在水深39米的海里填出陆地的历史，这也是世界上首次建立离岸式集装箱码头。

杭州国际博览中心及钱江新城

■　钱江新城位于杭州市城区东南部，毗邻钱塘江，江对岸便是杭州国际博览中心。如今，这两个地方已经成为现代化杭州的新地标。

杭州是两朝古都，也是中国著名的历史文化名城。杭州因繁荣的纺织业成为中国古代历史上重要的商业集散中心，也因依山傍水、风景秀丽，受到历朝历代文人墨客的钟爱，有"人间天堂"的美誉。

杭州国际博览中心是G20杭州峰会的主会场。这个建筑群拥有6万平方米的屋顶花园，具有"城市客厅"的意义。2016年，这个"城市客厅"代表中国，迎来了它的第一批客人：9月4日至5日，二十国集团（G20）峰会在这里如期举行。

杭州国际博览中心地上共有5层，G20峰会主会场位于第四层，峰会的开幕式和第一阶段会议都在这里举行。

G20峰会主会场气势恢宏，总面积约2000平方米，是一个边长为45米的方正空间，屋顶则为圆形，是中国"天

圆地方"古典哲学理念在建筑设计中的体现；在装饰上用了大量的花窗和木雕元素，会议区的墙面也为江南镂空花窗设计，颇具"中国风"。

空中花园地处午宴厅外围，花园整体以"西湖明珠从天降，龙飞凤舞到钱塘"为设计理念，极具江南特色。这座花园是国内面积最大、功能最全、中国特色最浓、生态环境最优的屋顶花园。

G20峰会结束后，杭州国际博览中心进行了改造提升。现在，普通人也可以在此开会、聚餐、举办庆典、旅游参观，从而充分发挥了它的实用功能。

杭州国际博览中心地处钱塘江边，与其隔江相望的是杭州新崛起的城区——钱江新城。十几年前，这里还是农田，短短十几年，一栋栋现代化建筑拔地而起，这里发展成为杭州高楼最密集、最现代、最有"都市范儿"的地方，是杭州新时代发展的标志性地区。

每当夜幕降临，钱江新城中心的音乐喷泉表演就会按时上演，整个钱江新城的建筑点亮色彩斑斓的灯光，宛如一场灯光秀。隔江望去，杭州的繁华尽收眼底。

西溪湿地

■ 西溪湿地是中国第一个集城市湿地、农耕湿地、文化湿地于一体的国家级湿地公园。

在杭州市西部离西湖 5 千米左右的地方，有一个总面积约为 11.5 平方千米的罕见湿地，它就是西溪湿地。

西溪湿地公园是中国第一个湿地公园。2003 年，杭州市开始对西溪湿地进行综合保护，2 年后，西溪国家湿地公园建成并正式开园。整个园区约 70% 的面积为河港、池塘、湖泊和沼泽，6 条河流纵横交汇，水道如巷，小岛密布，植被繁多，使得这里空气格外清新，生态环境宜人。2012 年，杭州西溪湿地旅游区被正式授予"国家 5A 级旅游景区"称号，成为首个获得这一称号的国家湿地公园。

除了景色美，西溪的历史也十分悠久。在古代，许多帝王将相、文人名士将这里视为人间净土、世外桃源，并

留下了大量赞美这里的诗词文章。西溪文化内涵丰富、形式多样，至今仍保留着"龙舟胜会""碧潭网鱼""竹林挖笋""清明野餐"等诸多传统民俗。西溪龙舟胜会是一项声名远播的民俗活动，每年端午节，西溪四邻八乡的龙舟都会汇集在这里，参与龙舟胜会。河道两岸人声鼎沸，热闹非常。岸上，古典戏曲、武术、舞龙舞狮等轮番上阵；水中，几百条龙舟来往穿梭，竞相追逐。这一传统民俗活动至今长盛不衰，它代表了西溪人勇猛顽强、百折不挠的精神。

一直以来，西溪湿地公园都坚持生态优先的保护原则，在开发旅游资源的同时加大生态保护力度，不仅很好地恢复和保护了西溪湿地的天然功能，还开创了中国湿地保护和利用的先河。西溪湿地以其绝美的景致，堪称"中国湿地第一园"。在这里，你可以在湖泊间泛舟，可以踏青垂钓，还可以在传统节日里，感受丰富多彩的西溪文化。

杭州湾跨海大桥

■ 杭州湾跨海大桥按双向六车道高速公路标准设计，全长共36千米，是中国沿海大通道中的第一座跨海大桥。

　　杭州湾是世界三大强潮海湾之一，有台风和小气候形成的龙卷风，海流流速、流向情况复杂，因此，杭州湾跨海大桥在建设上遇到了很多困难。在保证安全的同时，还需要让这座大桥富有艺术性和美感。设计师将大桥平面勾勒成S形曲线，总体上看线形优美、生动活泼，同时集交通、观光、安全功能于一体，可以让人们在行车时心情舒畅，特别是对于司机而言，不易造成视觉疲劳。这种造型设计借鉴了西湖苏堤"长桥卧波"的美学理念，这也是首次将景观设计的概念引入桥梁建造。

　　虽然构想非常完美，真正施工却并不容易。受地理位置、自然环境等因素的影响，杭州湾跨海大桥的工程量非常大，需要的钢材、水泥等材料极多。整座桥的用钢量相当于7个"鸟巢"的用量，混凝土量相当于10个国家大剧

院的用量。

　　杭州湾跨海大桥还有一座十分亮眼的海中平台。平台位于桥梁的正中间，在大桥建设期间，本来是用于工程测量、应急救援和物资堆放的。杭州湾跨海大桥建成后，设计师对海中平台进行了改造。改造后的海中平台，以白色和蓝色为主色调，外形像一只展翅飞翔的雄鹰。它变成了海中的观景平台，命名为"海天一洲"，成为杭州湾跨海大桥的点睛之笔。"海天一洲"是十分独特的海上观光场所，也是杭州湾区域的地标性建筑之一，站在这里可以望海、观潮、品大桥，不仅可以观赏到壮丽的风景，还可以感受到杭州湾跨海大桥的雄伟和壮观，它也因此颇受国内外游客的喜爱。

　　杭州湾跨海大桥是中国自主设计、自行管理、自行投资、自行建造的，在中国桥梁史上留下了光辉的一页。大桥的建成，对于整个地区的经济和社会发展都具有深远、重大的战略意义。

苏州博物馆

■ 　苏州博物馆由华人建筑师贝聿铭设计，是一座集现代化馆舍建筑、古典建筑与创新山水园林于一体的综合性博物馆。

苏州是一座具有2500多年历史的古城，自古因富庶秀丽而和杭州并称"人间天堂"。苏州位于长江三角洲地区，城区内河道纵横，拥有大量园林美景，集中了江南园林建筑的精华，因而有"江南园林甲天下，苏州园林甲江南"的美誉。

祖籍苏州的建筑大师贝聿铭，在1999年82岁之时，接到了来自故乡的邀请，邀他为苏州设计一座博物馆。这是他继香山饭店、香港中银大厦和北京中国银行总部大楼之后，在中国设计的第四件作品，也是他的封山之作。

苏州博物馆旧馆早在1960年就成立了，馆址原是太平天国忠王府，紧邻苏州著名的古典园林拙政园。贝聿铭所设计的是苏州博物馆新馆，位置不变，又在原忠王府的基础上进行了大规模扩建。

贝氏家族在苏州有600多年的历史，因此，贝聿铭对苏州文化内涵的理解非常深刻。苏州最美在园林，在

设计苏州博物馆时，贝聿铭延续了传统苏州园林的建筑风格。走进苏州博物馆，就像走进了苏州的古园林一般。无论在博物馆的哪个角度，都可以看到传统苏州风格的建筑，青瓦白壁、小桥流水、假山翠木，美轮美奂。同时，作为一名现代主义建筑师，贝聿铭也在苏州博物馆的设计中融合了许多现代元素，如屋顶运用了大量几何形状的大块玻璃，塑造了不同角度的窗户，最大限度把自然光线引入室内。站在屋内，阳光会随着时间的变化不断地变换投射角度，带来不同的奇幻光感。建筑内部多用灰白两色进行搭配，简约典雅，既体现了江南园林儒雅清秀的气质，又符合现代建筑的美学特点。

除了建筑极具美感，苏州博物馆的馆藏也十分丰富。苏州博物馆馆藏文物4万余件，它所在的太平天国忠王府是国内保存最完整的太平天国历史建筑物之一，保存了大量太平天国时期重要的遗存和艺术珍品。其中，忠王府彩绘是清代"苏式彩绘"的代表，其留存数量之多，在整个江南地区都是罕见的。

苏州博物馆是一座兼具观赏价值与文化价值的博物馆，它已经成为苏州的新地标。

苏州中心

■ **苏州中心一般指的是苏州中心广场，是中国最大的城市综合体。**

在繁忙的大都市里，人们一天的时间将会密集分配给写字楼、公寓、商场、餐饮、超市以及交通。随着生活节奏的不断加快，人们往往需要在更为快捷和便利的空间里完成时间的分配和交换。在这样的需求下，城市综合体便应运而生，它们在一个相对集中的空间内集多种功能于一体，让人们可以更高效率地享受工作和生活。苏州中心就是这样一个可以满足都市人多种需求的城市综合体，它也是中国最大的城市综合体。

苏州中心坐落在金鸡湖畔，总建筑面积182万平方米，其中地上建筑面积130万平方米，地下建筑面积52万平方米。

除了是全国最大的城市综合体外，苏州中心还是全国规模最大的整体开发地下空间，拥有单体规模最大的购物中心；在建筑顶部，设置了面积达6万平方米的屋顶花园，是目前全国规模最大的空中生态花园；地下交通、停车场、供暖系统等，也都达到了最大规模。在这座净地面积3.9万平方千米的"城中之城"里，人们的吃、穿、住、娱乐等多种需求都能被满足。

2017年，历时7年建设而成的苏州中心开业。在2天试营业期间，人流量就突破了百万。这里有达16000平方米的儿童王国、国际化的溜冰场、高端影院以及最具规模的健身会所、各式餐饮和店铺。这项远远超出大型商场概念的超级城市工程，凭借其在苏州地区规模最大、区位最优、业态最全等特点，毋庸置疑地成为城市新地标，是苏州最亮丽的城市新名片之一。

东方之门

■　东方之门高度相当于凯旋门的6倍，被誉为"世界第一门"，此外还拥有7项"中国之最"纪录，是苏州的地标性建筑。

东方之门，一座造型奇特的双塔连体门式建筑，以301.8米的高度被评为"中国结构最复杂的超高层建筑"。但东方之门之"最"，远不止于此。

苏州金鸡湖是中国最大的内城湖泊，东方之门就位于金鸡湖西岸的苏州中心广场，处于核心区域位置。在苏州这个被誉为"人间天堂"的江南城市，东方之门一改其温婉的古典风格，而变得极具现代艺术感。

两座苏式景观园林，一左一右，占据了整个东方之门的顶层，20米高的巨大拱形玻璃天窗罩在园林之上，塑造出完美的"空中花园"。站在玻璃幕墙前，不仅可以欣赏园林，金鸡湖美景更是一览无遗。夜晚降临时，还能透过透明的穹顶，感受与夜空的"近距离"接触。这样的设计，让东方之门拥有了"中国最高的空中苏式园林"的称号。

东方之门还被称为"世界第一门"，是世界最大的门型建筑。之所以设计成门型，其灵感来自苏州古城门。古城门对于苏州来讲具有重要的历史意义，是与这个2500多年历史的城市融为一体的。但在苏州，保留下来的古城门并不多。近年来，先后有6座古城门被重新修复。东方之门以古城门为出发点，虽然是现代化的摩天大楼，可依然没有脱离开苏州的文化，而是将传统文化和现代建筑融为一体，是苏州历史文明的延伸和发展。

苏州平江路

■   **平江路是苏州古城迄今为止保存最为完整的一个区域，堪称姑苏古城的缩影。**

平江路历史悠久，10世纪到13世纪宋朝时期，苏州还不叫苏州，而叫平江，平江路在那个时候就存在了。当时它被称为"十里泉"，因路上有10口古井而得名，是当时苏州东半城的主干道。改称平江路的具体时间我们不得而知，但在18世纪末清朝乾隆年间，地方志上就已经有"平江大路"的记载；自清朝同治年间修撰《苏州府志》起，就一直被称为"平江路"，可见它是名副其实的历史老街。

平江路是一条傍河的小路，全长1606米，紧邻苏州著名的古典园林拙政园，具有典型的江南水乡特色。近1000年来，平江路的街道与古时基本相仿，一直保持着"水路并行，河街相邻"的水乡格局，是苏州保存最完好的一条古街。

由于近代战乱频发和后来现代城市发展中的不当设计规划，平江路两侧的民居遭到了大面积破坏，古街的保护成为当务之急。1986年，平江路被列为历史文化保护区，从那时起，平江路便得到了大力度的修缮治理和保护。通过拆除违章建筑、重新铺设石板路、疏浚河道、维修古建筑等工程，平江路的主体部分再现了曾经的风采。到2004年，平江路保护与整治工作基本完成。

平江路的修护遵循"修旧如旧"的原则，并没有将居民迁出进行大规模的商业开发，因此，平江路相比很多历史文化街区而言，少了几分现代商业气息，保留了原汁原味的苏州古城韵味。行走在这里，可以处处感受到旧时曲水人家的市井生活。

在保护整治平江路的同时，其作为旅游景点的功能性

和实用性也得到了很好的开发。酒吧、娱乐会所等隐藏在一间间老宅的门后，使这里既具有现代的时尚功能，又具有浓郁的民情风貌。历史文化保护与现代社会发展在平江路被很好地结合起来，证明了历史街区可以永继发展、焕发新生。平江路不仅保存有古建筑，美食也是其一大特色。平江路的餐饮美食与苏州古老的饮食文化密切相关，从街头走到巷尾，可以一路大饱口福，感受最正宗的苏州风味。

　　苏州平江路还是一个拥有很多历史故事的地方，亭台楼阁、小桥流水，在漫长的岁月里上演过很多爱恨情仇。它是了解苏州、感受苏州文化底蕴的必去之地，是这座城市独特的历史文化地标。

南京长江大桥

■ 　南京长江大桥是长江上第一座由中国自行设计和建造的双层式铁路、公路两用桥梁，是南京的标志性建筑，被列入新金陵四十八景之一。

　　南京是中国十大古都之一，有着2000多年的历史，先后有6个朝代在此建都，因此也有"六朝古都"之称。南京还是古代海上丝绸之路的中心城市。

　　在长江两侧，各有一条铁路，南岸是1908年通车的沪宁铁路，北岸是1911年通车的津浦铁路。但这两条铁路却被长江阻隔，如此一来，南来北往的旅客和货物必须在南京换乘船只，这无疑限制了交通运输和经济的发展。

　　为了解决这一难题，1917年，孙中山先生曾在《建国方略》中提出了"建设长江隧道"的伟大设想，但因当时条件有限，这个设想很难实现。后来，外国专家在考察长江后，得出了"水深流急，不宜建桥"的结论。1936年和1946年，国民政府两度计划在南京下关和浦口之间架起桥梁，但因诸多外界因素的干扰未能实现，跨江大桥的建设依然只是一个设想。

　　1958年，为了适应经济发展和交通运输的需求，新中国政府提出了修建南京长江大桥的建设计划。南京大桥的设计和建造工作全部由中国自行完成。由于技术复杂、施工难度大，最初很多人怀疑凭中国人自己是不能完成这项伟大工程的。然而，南京长江大桥的建设者们面对困难毫不退缩，"自力更生、发愤图强"成了他们的精神支柱。

　　经过近10年的时间，在全体建设者的共同努力下，1967年8月16日，南京长江大桥钢梁合龙。1968年9月30日，铁路桥通车。同年12月29日，公路桥通车，南京长江大桥全面建成。

　　南京长江大桥铁路桥全长6772米，将津浦铁路、沪宁铁路正式贯通；公路桥全长4589米，桥下可通行万吨轮船。

　　如今，南京长江大桥已成为这座城市的一张名片，吸引了大批国内外游客前来参观游览。白天大桥上车水马龙，夜色里的大桥流光溢彩、美轮美奂。南京长江大桥是长江上的第三座大桥，却是第一座中国人自主设计、自主修造让天堑变为通途的大桥，它不仅是南京的地标，更是中国人心中的"争气桥""英雄桥"。

南京先锋书店

■ 2016年3月，美国《国家地理》评选出全球十佳书店，南京先锋书店入选，是亚洲唯一入选书店。它也是南京重要的文化地标。

1996年，一个只有17平方米的小书店开在了南京太平南路圣保罗教堂对面，这家不起眼的小店就是最早的先锋书店。2016年，这家一开始低调到几乎透明的小书店，入选《国家地理》杂志评选的全球十佳书店，是亚洲唯一入选的书店。在众多读书人心中，它是文化天堂一般的存在。这20年来，先锋书店究竟经历了怎样的变化？

先锋书店在创立伊始就十分注重品位和格调，在很多书店避免不了卖教辅材料和并无营养的畅销书，或者隔三岔五打折处理图书时，先锋书店就一直坚持着高端的文化定位。在太平南路开业后不久，先锋书店就搬到了南京大学旁边。在这个到处都是读书人的环境中，先锋书店很快就迎来第一批忠实顾客。先锋书店的书更新快，到货速度快，所售图书皆为经过筛选的文化精品，很快，它便在南京大学师生的口口相传下火了起来，被大家亲切地称为"南大第二图书馆"。

　　此后，先锋书店一直保持着理想主义的气质，喜欢它的人，也从南大师生扩展到文化精英、作家、诗人等。先锋书店开始从单纯的书店升华为文化人的精神家园。为了适应这些文化人的需要，先锋书店也大大扩展了自己的品牌领域。售书之外，先锋书店在店内设置了休息区、咖啡厅，随手拿起一本书，就可以在这里舒服地坐上一天。文创商品也琳琅满目，离开书店时带走一些小礼品，已成为许多顾客的习惯。

　　当然，让先锋书店名气更大的，是它经常举办的讲座沙龙。国内外许多著名的学者、作家，都曾受邀到先锋书店开办讲座或者签售书籍，读者可以与这些平时很难见到的名家进行面对面交流，碰撞出思想的火花。近几年，先锋书店年均举办的讲座和沙龙超过400场，几乎场场爆满。

　　现在，先锋书店已经走过了实体书店最艰难的阶段，分店也开了一家又一家。无论是富有格调的装修风格，还是它充满活力的文化特色，都让先锋书店成为文化人心之所向，也成为这个商业社会里具有精神品格的独特存在。

南京颐和路

■ **南京颐和路是全国拥有民国公馆最多的地区，被誉为"民国建筑博物馆"。**

　　在南京有一条美丽优雅的街道，街道两侧栽植着繁茂的法国梧桐树，还有一栋栋风格各异的别墅和洋房。这里就是南京颐和路，是民国时期规划的上层人士住宅区。1927年，国民政府定都南京，制定了《首都计划》，这个计划是中国最早的现代城市规划，也是民国时期最重要的一部城市规划。颐和路在《首都计划》里被规划为高级住宅区。

　　在这片37.8万平方米的区域内，至今仍有225幢保存较为完好的民国建筑，分布在以颐和路为中轴线的大小不等的12个片区内，它们曾是民国时期高官名流的宅邸以及外国的使领馆。

　　这其中，就有蒋介石之子蒋纬国、美国政客马歇尔、

民国军阀阎锡山等多位名人的公馆，而民国政府要员的宅邸公馆达200多座。此外还有加拿大、墨西哥、巴西等国使（领）馆，当时的美国驻华大使馆也在颐和路内，美国外交官司徒雷登就在此居住。颐和路云集了如此多的达官名流，也上演了一幕幕民国历史风云变幻的大戏。

　　除了居住人物身份的特殊性，颐和路的建筑设计也颇为独特亮眼。20世纪30年代，中国迎来了一大批欧美留学归国的建筑师，一时间各种流派的建筑竞相登场。在颐和路公馆区内，西班牙式、法式、英式、美式等建筑风格各放异彩，造就了整个颐和路的公馆宅院千姿百态、几乎没有重复的盛况。

　　颐和路民国公馆区被列为首批公布的30个中国历史文化街区之一，也是南京保护规模最大的历史文化街区。在这里走上一圈，仿佛穿越到民国时期。提到颐和路，人们往往这样评价它："一条颐和路，半部民国史。"

宁波舟山港

■ 宁波舟山港是目前全球唯一年货物吞吐量超13亿吨的超级大港，货物吞吐量连续15年位居全球港口第一。

宁波地处中国东南沿海长江三角洲地区，紧邻舟山群岛。它是中国重要的港口城市，是大运河南端出海口，也是古代海上丝绸之路的重要节点。

2017年12月27日上午9时许，在宁波舟山港穿山港区集装箱码头6号泊位，一只写有"首破10亿吨货物"字样的红色集装箱被稳稳吊装至世界最大集装箱船"美瑞马士基"号轮。这只集装箱的运输，标志着宁波舟山港成为全球首个年货物吞吐量超10亿吨大港。10亿吨货物的重量，相当于10万座埃菲尔铁塔重量的总和。

宁波舟山港创下的纪录并未止步于此。2023年，舟山港累计完成货物吞吐量达13.24亿吨，再一次刷新了自己的纪录，连续15年位居全球港口第一。

宁波舟山港历史悠久，是一个有着1200多年历史的古老港口，古代就是海上丝绸之路的重要港口之一。不过，

一开始宁波舟山港只是内河港，后来才渐渐发展为海港。

宁波舟山港迎来真正的蜕变，与上海宝钢有着密不可分的联系。1978年，一座名为宝山钢铁厂的大型钢铁工厂在上海落地。这座钢厂需要大量高品质的铁矿石，但中国国内的蕴藏量并不多，需要大量进口。大宗铁矿石的进口依赖海运，而且必须用10万吨以上的大型船舶运输，才能满足钢厂生产的需求。在当时，全中国都没有一个码头可以停靠10万吨级的船舶。因此，在上海附近寻找一个深水码头并建成超级港口，就成为当时的迫切任务，宁波舟山港就这样应运而生。

40多年来，宁波舟山港一直书写着传奇，逐渐发展成为"东方大港"。在港口工作的人们，几十年来见证着港口的发展变迁，他们眼见港口操作的机器越来越先进，那些远道而来的船舶，也越来越多、越来越大，一次又一次刷新货物吞吐量纪录。

如今，宁波舟山港已经是名副其实的世界第一大港，被称为海上丝绸之路的"活化石"。

莫干山

■　莫干山是中国四大避暑胜地之一，享有"江南第一山"的美誉。

　　莫干山位于浙江省湖州市德清县西部，和许多现代开发的景点不同，这里的开发历史可以追溯到1000多年前。

　　莫干山山名来自干将、莫邪二人在此地铸剑的传说。传说春秋末年，群雄争霸，干将、莫邪夫妇是铸剑神手，当时吴王限令他们3个月之内铸成盖世宝剑献给自己。于是干将、莫邪在这座山里采集上好的铜料，烧炉制造宝剑，后来制成了一对雌雄宝剑，异常锋利，雌称镆铘，雄称干将。但不幸的是，干将、莫邪夫妇惨遭贪婪的吴王杀害。后人为了纪念他们，便将他们铸剑、磨剑的地方称为剑池，将这座山称为莫干山。

　　莫干山开发历史悠久，山上绿化覆盖率非常高，泉水多，还有让人叹为观止的竹林。因此，即使到了每年七八月份最热的时候，莫干山的平均温度也只有24℃，早晚更为凉爽。10世纪左右，就已经有人在这里建塔建寺院。但真正让莫干山成为现在的度假胜地的，还是19世纪以来众多名人在这里建造别墅度假、隐居的缘故。

　　这些别墅隐藏在竹海中，多达200多栋，建筑样式多姿多彩，具有英、美、法、日、俄等10多个国家的建筑特色，无一雷同，这使莫干山还拥有了"世界建筑博物馆"的美誉。

　　现在，这些别墅有些被保护起来，成为人文景观供游人参观；有些被改造为疗养院或度假村，游客可以选择住在里边，感受过去达官名流的生活。

精彩中西部

成都宽窄巷子

■ 宽窄巷子是成都遗留下来的较成规模的清朝古街道，延续了清朝川西民居建筑风格，曾获"中国特色商业步行街""成都新十景"等称号。

成都自古以来有"天府之国"的美誉。历史上，成都一直都是中国西南地区重要城市。2000多年前曾经是古蜀国的都城；汉朝时是全国五大都会之一；唐朝有"扬一益二"（分指扬州、益州，益州即今成都）之说；宋朝时，成都与杭州同为全国经济最发达、市场最繁荣的地区。时至今日，成都仍是西部重镇，以灿烂的巴蜀文化蜚声海内外。

宽窄巷子位于成都市中心区以西、天府广场西侧，由一条宽巷子、一条窄巷子和一条井巷子平行排列组成的古街道街区，兴建于清朝康熙年间。

　　康熙五十七年（1718），平定了准噶尔叛乱后，清政府选留了千余名兵丁驻守成都，并在当地为这些兵丁及其家属修建了一座"城中城"，以保障他们的生活，这座城称作少城。少城规模最大时，有官街8条、兵丁胡同33条，容纳了八旗兵2万多人，加上家属有三四万之多，相当于一个小城市规模。宽窄巷子就是少城存留下来的一段遗迹，是北方胡同文化和建筑风格在南方的"孤本"。

　　2008年，宽窄巷子整体修复改造工程全面竣工。在保护古建筑的基础上，形成了以旅游、休闲为主的文化商业街区，具有鲜明的巴蜀文化氛围。这里不仅有清朝时期的建筑遗存，还有近代一些教会留下的西洋风格建筑，历史气息浓郁。宽窄巷子再现了市井老成都人的休闲生活，成为具有"老成都底片、新都市客厅"内涵的"天府少城"，也成为成都亮眼的新地标。

西昌卫星发射中心

■ 西昌卫星发射中心是中国重要的卫星发射基地之一，也是中国对外开放的规模最大、设备技术最先进、承揽卫星发射任务最多、具备发射多型号卫星能力的新型航天器发射场。

西昌位于川西高原，因冬暖夏凉、四季如春，素有"小春城"之称，市区和周边地区风景如画。又因西昌卫星发射中心坐落于此，因而有了"航天城"这个光荣的名字。

20世纪60年代，中国决定在酒泉卫星发射基地以外再建造一个卫星发射基地。其后，选址成了首要难题。为了选择一个完美的施工基地，专家们先后考察了3个月，勘察了云南、贵州、湖北等地，最终经过反复研讨，在近10个备选地点中选中了距离西昌城南60千米处一个叫松林峡谷的地方，这就是中国第二座卫星发射基地——西昌卫星发射中心的位置所在。

西昌之所以能入选，主要是因为这里条件优越，一是

纬度低、海拔高，这样的地理条件，发射倾角是十分优质的；二是峡谷地形好、地质结构坚实，有利于发射场的总体布局；三是天气整体晴好，不会有太多极端天气，可以保证良好的"发射窗口"。于是，一座现代化高科技的卫星发射中心，就此高高矗立在西昌北部的大山里。

西昌卫星发射中心正式开工时间为1970年，前后历时12年才竣工，于1982年交付使用。原本西昌卫星发射中心是非常神秘的，但自20世纪80年代起，这里便渐渐揭开神秘的面纱，对外开放，成为旅游热线上一颗光彩夺目的明珠。无数国内外游客来到这里参观，感受现代科技的伟大。

自1984年1月发射中国第一颗通信卫星至今，这里的航天发射活动已突破百次，并创造了中国航天史上多项纪录。如今的西昌卫星发射中心，是世界了解中国航天事业的窗口，是把中国的名字写进太空、把民族的光荣写满苍穹的地方。

雅西高速公路

■ **雅西高速公路是连接四川省雅安市和西昌市的高速公路，是全世界科技含量最高的山区高速公路之一，因其地势险峻而被称作"云端上的高速"。**

作为四川重要的南下高速大通道，雅西高速公路从2007年开始动工，一直到2012年全线通车，其建设历时整整5年。这条全长240千米的公路，被称为"中国最不可思议的公路"，单单是造价就让人惊叹——每千米造价近1亿元人民币。这条公路的造价为什么如此高昂呢？

雅西高速公路建设在陡峭的山腰上，一路途经许多大山，犹如架在天上一般，所以这条公路也素有"天梯高速"之称。它就像一条巨龙，横卧在四川盆地和攀西高原之间。整条公路跨越12条地震断裂带，溶洞、暗河、断层众多，地质条件非常复杂。雅西高速公路全线有桥梁270座，其中特大桥23座、大桥168座，这些桥梁多数都位于十分陡峭的山坡上。这条公路每向前延伸1千米，平均海拔高程就会上升7.5米，如此大的高程差也给建设者

带来了巨大的困难。其中翻越拖乌山脉的一段，短短4千米高程差达500米，为世界所罕见。可以说建成这条高速公路，难于上青天。

整整5年，施工团队克服种种艰难险阻，最终创造了中国公路史上的又一奇迹。雅西高速公路被国内外专家学者公认为是中国乃至全世界自然环境最恶劣、工程难度最大、科技含量最高的山区高速公路之一。

雅西高速公路有一段长达51千米的路段，被称为"魔鬼中的魔鬼路段"，它就是拖乌山至石棉路段。这段路几乎全是长下坡，这在全亚洲的高速公路中也属罕见。这段路海拔高、临崖临壁、急转弯多，十分惊险。因此，这段路上设置了多达6个避险车道，每隔10千米左右就有1个，最大限度降低了行车的危险系数。

雅西高速公路沿途的风景相当壮丽。行驶在雅西公路上，夸张的曲线会给人带来一种不真实的感觉，宛如行走在云端，这种体验让无数人为之震撼。

川藏公路

■ 川藏公路是连通成都与拉萨之间的第一条公路，东起四川省会成都市，西止西藏首府拉萨市，是中国最险峻的公路之一。

在川藏公路建成之前，连通内地与西南边疆主要依靠一条古老的交通驿道——茶马古道。这条古道是世界上地势最高、路况最为险峻的古驿道之一，主要交通工具就是马帮和牦牛。但仅靠马帮和牦牛运输，一年只能往返一次，不仅危险性大，还很难解决西南地区人民与外界沟通交流的需求。因此，建设一条现代化的公路迫在眉睫，川藏公路的伟大构想就此应运而生。

1950年4月，川藏公路正式开工，历时4年修建完成。它是世界上海拔落差最大的公路之一，最高点和最低点落差4500米；也是世界上地质结构最复杂的公路之一，覆盖了平原、丘陵、盆地、高原、雪山、冰川等地貌。自修建成功后，它就将"世界屋脊"与"天府之国"紧密连接，

支撑起千山万壑的高原交通网。

当年修建这条公路面临巨大的挑战，10多万建设者在平均海拔4000米的高原上，完全靠人力开山修路，人们用铁锤、钢钎、铁锹和镐头劈开悬崖峭壁，降服险川大河。在施工作业中随时会发生的塌方、泥石流、悬崖坠落等事故，时刻威胁着筑路人员的生命。施工的第一年，就有千名建设者献出了宝贵的生命，在第一年结束时，牺牲人数最少的一天是5人，最多的一天是300人。公路竣工后，有3000余名建设者长眠于此。

川藏公路不仅带动了西藏的经济发展，还促进了西藏与内地的文化交流。除此外，川藏公路一直以风景优美著称，被誉为世界上最美的公路之一。沿川藏公路进入西藏，沿途的风景让人痴迷，一路上会看到雪山、原始森林、草原、冰川和若干大江大河，所以川藏公路也是很多旅游探险爱好者和摄影师最钟爱的公路。

重庆朝天门

■ **重庆朝天门是旧时重庆的17座古城门之一，位于嘉陵江和长江的交汇处，于2016年当选为"重庆十大文化符号"。**

重庆是国家历史文化名城，是一座具有3000余年历史的城市，曾三为国都、四次筑城，史称"巴渝"。重庆在中国近代史上有着重要而特殊的地位，它曾在抗日战争时期作为国民政府的陪都，也是红岩精神的发源地。

朝天门至今已有550多年的历史，它是重庆最大的水路客运码头，自古就非常繁华热闹。门外沿江两岸有不少街巷、吊脚楼等，商业繁盛，交通发达，是重要的商业中心。古时朝天门还有一个重要作用，它是迎接朝廷重要官员的地方，不管朝廷官员从哪里来，他们都会停在朝天门码头，当地官员会前来迎接。因古时称皇帝为天子，朝廷官员是代表天子而来，迎接他们也就相当于朝拜天子，所以才将此地命名为"朝天门"。据史料记载，最早朝天门码头不允许停靠民船，以防闲杂人等扰乱治安，后来虽然取消了禁令，但民船也只能停在旁边的小码头，最好、最大

的码头依然只能停靠官船。

1927年重庆设市，为改善交通、拓宽道路，一些古老的房屋和古建筑被成批拆除，朝天门因在重要的交通要道上，成为第一个被拆毁的城门。更为遗憾的是在1949年，朝天门发生了一场重大火灾，附近2千米的区域化为一片废墟，从此，朝天门仅剩下了城基墙垣。

好在朝天门码头依然存在。近几十年来，这里经历了重建和发展。新建后的朝天门改头换面，被打造成了重庆渝中区中央商务区。最著名的朝天门广场成为重庆的新地标，该广场修建在码头的上面，远看就像一艘扬帆远航的巨轮，非常壮观。

朝天门因历史悠久、地理位置特殊，而成为重庆一张响亮的城市名片，也是国内外游客必打卡的地方。站在朝天门广场放眼望去，美景尽收眼底。到了夜晚，朝天门的夜景也不会让人失望，周围建筑流光溢彩、灯火璀璨，其魅力不输上海外滩。

"中国天眼"

■　"中国天眼"是由中国科学院国家天文台主导建设的一座500米口径的球面射电望远镜，是中国自主知识产权、世界最大单口径和最灵敏的射电望远镜。

在贵州的大山深处，有一个口径达到500米的巨大望远镜，从高空俯瞰，它犹如一口大锅架在群山的低洼处，这台望远镜被称为"中国天眼"。

提到"中国天眼"的建设，就不得不提到一位中国科学家，他就是中国科学院国家天文台FAST射电望远镜总工程师兼首席科学家南仁东。

早在1994年，南仁东就提出了建设"中国天眼"的构想，之后他将自己毕生精力都奉献给了"中国天眼"。虽然构想提出较早，但整个项目从提出到完成，时间跨度非常大。2016年9月，"中国天眼"落成启用；2020年1月11日，"中国天眼"通过国家验收，正式开放运行。

"中国天眼"具有中国独立知识产权，最初的设计灵感来自阿雷西博望远镜，但阿雷西博毕竟是半个世纪前的产物，过于古老了。"中国天眼"无论在口径还是设计上，都要远远超过阿雷西博望远镜，其综合性能提升了约10倍。"中国天眼"是目前世界上最大的单口径望远镜，总面积达25万平方米，相当于30个标准足球场，接收无线电波的信号也提升至137亿光年，可以聆听来自宇宙边缘的声音。

作为中国射电天文学史上的一个传奇，"中国天眼"从立项那天起就面临着各种挑战。光是选址，南仁东就耗费了十几年的时间。为了找到最适合建造"天眼"的位置，他带着几百幅卫星遥感图，扎进中国西南部一座又一座的大山，足迹遍布荆棘丛生的荒野，付出了巨大的心血。

工程的建设也遇到了很多难题，比如挂在馈源支撑塔

钢索上的动光缆，需要频繁地弯折，如此高要求的成品，在国内乃至国际上都属罕见。为了攻克难题，国家天文台与国内企业强强联合，经过反复研究与试验，最终研制出高于国标水准的动光缆。

经过20多年的努力，"中国天眼"终于睁开了它望向太空的巨目。它带着中国科研人坚韧不拔、甘于奉献、热爱祖国的精神，成为矗立在西南大山深处的耀眼的中国新地标。这座拥有"中国大脑"的全球最大且最灵敏的射电望远镜，将带领人类向宇宙更为深邃的未知地带探索。

北盘江第一桥

■　　北盘江第一桥位于云贵两省的交界处，桥面到谷底垂直高度565米，相当于200层楼高，被称为"世界第一高桥"。

许多来到贵州六盘水旅游的人都会去看看北盘江第一桥，这座被称为"世界第一高桥"的大桥，坐落在云贵高原的群山峻岭之中。当看到一座雄伟的大桥飞架在峻峭的山岭间，你会由衷地敬佩桥梁设计师的智慧。

这里群山环绕，地势险峻。在大桥没有建成之前，虽然隔江相望，但生活在江两岸贵州小镇和云南村庄的人要想相见，需要翻越3座山头，走40千米山路，花费4个小时才能到达对岸。这不仅给人们的生活带来了很多不便，还阻碍了当地的经济发展。于是，建设一座横跨两地的大桥就这样被提上了日程。

在群山峻岭间建桥，难度非常大，光是前期研究制定设计方案就非常繁复。设计团队从接受设计任务起，在蜿蜒崎岖的雄山峻岭间走了上百次，耗时1年多，对沿江10千米的山体地貌进行了严密细致考察，才定出了设计方案。但这也仅仅是解决了第一步难题，之后的施工更是困难重重。

施工团队开工前还面临"无水、无电、无路"的困难。为了解决用水问题，他们选择最原始的取水方法，通过在山腰修建蓄水池并利用水泵将北盘江水逐级引至山顶。可建设蓄水池要用砖材，又没有路，只能依靠古老的方法，那就是用马驮。每块砖2千克，一匹马一次只能驮40块砖，一天往返2趟。除了解决基础设施问题外，施工团队还要克服地形沟谷纵横、地质条件复杂等重重困难，再加上山间天气不稳定，风、雾、雨、凝冻等各种气候现象随时都会发生，这些不利因素对施工团队来说都是极大的考验。最终，施工团队战胜了重重困难，安全顺利地完成了建设。

　　建成后的北盘江第一桥，横跨河谷深切600米的"U"型大峡谷，全长1341.4米，最大跨径720米，桥面至江面垂直距离565.4米，相当于200层楼的高度。大桥荣获第35届国际桥梁大会古斯塔夫斯金奖，并作为世界最高桥被载入吉尼斯世界纪录大全。许多人会特意来到这里，感受"世界第一高桥"的壮丽和雄伟。

三峡大坝

■　　三峡大坝位于湖北省宜昌市三斗坪镇，是目前世界上规模最大的混凝土重力坝，也是世界最大的水利枢纽工程。

早在1918年，孙中山先生就强调过开发三峡水电的重要性，这也是关于开发三峡水力资源计划的最早记载。虽然设想提出较早，但受时代的限制，这一计划迟迟未付诸实际。直到1994年12月，三峡大坝才正式动工修建。这项工程从提出构想、勘察、规划、论证到正式开工，经历了整整76年。2006年5月20日，这项伟大的工程全线建成，让世界为之惊叹。

三峡大坝创造了多项世界第一，比如它是世界上最大的水利工程，世界上最大的电站，拥有世界规模最大、难度最高的升船机等。它不仅是造福中国民生的一项伟大工程，还是中国向世界展示中国智慧的一张名片。在无数辉煌的背后，三峡大坝有着许多鲜为人知的建设者们呕心沥血、攻坚克难的故事。

　　长江是中国的第一大河，中间落差高达2000米，仅在长江三峡这一段，上下游的落差就超过了上百米，巨大的落差导致长江三峡水流湍急。所以当时很多专业人士认为，想要在三峡将长江拦腰截断是完全不可能的事情。但工程师们并没有放弃，他们一遍遍地设计方案，顽强攻关，最终以平抛垫底法解决了难题。

　　三峡大坝建成后，在防洪、发电和航行三方面发挥了重要作用。防洪是三峡大坝最核心的作用。在三峡大坝修建之前，长江上游河段及其多条支流经常暴发洪水，不仅会淹没房屋、农田，还会造成人员伤亡，给周边百姓带来极其惨重的生命财产损失。而三峡大坝能使长江下游地区抵御百年一遇的特大洪水，真真切切造福子孙后代。

　　同时，三峡大坝还将自然风光和人文景观完美地结合在一起，因此，它也是国内外旅行爱好者向往的地方之一。许多旅行者会不远万里来到此地，只为亲身感受三峡大坝的雄伟和壮观。

黄河小浪底水利枢纽工程

■ 小浪底水利枢纽工程位于河南省洛阳市以北40公里的黄河干流上，是一座集减淤、防洪、防凌、供水、灌溉、发电等功能为一体的大型综合性水利工程。

黄河是中国的母亲河，孕育了华夏文明，哺育了世世代代的中华儿女。古往今来，在黄河沿岸有许多地标性建筑，黄河小浪底水利枢纽工程就是其中之一。

黄河小浪底水利枢纽工程位于黄河中游最后一段峡谷的出口，是治理与开发黄河的关键性工程。该工程于1997年截流，2001年年底竣工。小浪底大坝截流后，沿岸20多个风景点和雄伟的水库大坝交相辉映，形成湖光山色、千岛星布的自然景观。这样的结合，使得小浪底水利枢纽工程成为由山水自然风光和水利工程组成的大型旅游区。

小浪底景区内，有大量的半岛、孤岛、险峰。从美丽的小浪底码头乘船前行，沿途可以观赏到两岸的山水风

光，尽情领略黄河的风采，其景观之美、幽、奇、胜、典，既可以满足人们回归自然的追求，又能让人们从中感受到现代化工程的恢宏气魄和黄河的沧桑巨变。小浪底水利枢纽工程也是中国治黄史上的丰碑，它具备防洪、防凌、发电、排沙等多项功能，尤其是一年一度的调水调沙活动，气势宏伟，非常壮观。

　　黄河三峡则是小浪底景区的精华所在。3条峡谷各具风采，放眼望去，峡谷开阔舒展、气象万千，而且沿岸还有隋唐古栈道、陈谢大军黄河渡等多处历史胜迹，自然人文景点多达60余处。

　　小浪底景区内还有著名的河洛文化遗迹，它是黄河历史文化的代表，由汉光武帝陵、龙马负图寺、王铎故居等景点组成。其中龙马负图寺是中华人根之祖、人文之祖伏羲氏的祭祀地，也是河洛文化源头。每年都有大批游客从不同地方来到这里寻根问祖，寻找自己家族文化的起源，这也是一种文化寻根。

天门山盘山公路

■　天门山盘山公路被誉为"天下第一公路奇观"，素有"通天大道"之称。

天门山盘山公路位于张家界天门山，全长只有10.77千米，却有99道急弯。整条公路似玉带环绕，弯弯紧连，层层叠起，宛若飞龙盘旋，直上云霄。

天门山是湖南省张家界市永定区海拔最高的山，主峰达1518.6米，因自然奇观"天门洞"而得名。在古时，天门山又称嵩梁山，是张家界最早载入史册的名山，有"湘西第一神山"的美誉。对于世人而言，天门山一直是神秘的存在，那里常年云雾缭绕，犹如仙境，置身其中有种不真实的感觉，而许多精彩的传说，更为天门山增添了一抹传奇色彩。

因地形复杂、山路崎岖，千百年来地理环境限制了当地的经济发展，也给当地人的生活带来了诸多不便。为此，当地政府决定在天门山修建一条公路。

天门山盘山公路10.77千米的长度中，海拔落差高达1100米，道路一侧绝壁千仞，另一侧是深深的空谷。整段公路有99个弯，180度急弯此消彼长，非常雄伟壮观。若从高空望去，天门山公路"扭曲"到了极致，如一条蟒蛇般盘在高山间，其险峻程度让人有种窒息的感觉。车辆行驶在盘山公路时，无论司机还是乘客都屏息凝神，精神高度集中，既惊险又刺激。

天门山是中国著名的旅游风景区，以其独特的魅力吸引着国内外的游客，而来到天门山的人几乎都会去盘山公路，亲身感受大自然和人类工程之间的壮美结合。盘山公路一路爬升，一边是绝壁看不见顶，一边是悬崖望不到底，游客既可以感受到那种惊险，又可以欣赏到独特的天然美景，在惊奇震撼中体会"天下第一公路奇观"的风采。

塔里木沙漠公路

■　**塔里木沙漠公路南北贯穿塔里木盆地，全长522千米，是世界上在流动沙漠中修建的最长的公路。**

20世纪70年代末，中国的石油开发重点转入新疆塔里木盆地。经过10多年的努力，到1984年9月，终于在塔克拉玛干沙漠北部的轮台县与库车县之间的沙参二井获得高产油气流。之后，专家们又在塔里木盆地其他地方相继找到了高产油气流，这些重大发现将专家们的视线彻底转向了沙漠。

资源虽然找到了，运输却成了最大的难题。为了解决石油运输、当地居民出行和地区经济发展等问题，塔里木沙漠公路的建设计划在1990年正式开始实施。在这项计划中，塔里木沙漠公路将连接起沙漠中的油田，从东北向西南纵穿被称为"死亡之海"的塔克拉玛干沙漠的腹心地区。

由于公路要建在沙漠上，建设者们必然面临着巨大的困难。首先就是地理环境的影响，因地处风沙地带，为了减少风沙对公路的侵害，前期选线非常重要，不但要考虑

地形和气象条件，还要把握风沙运动的规律和特征，然后才能科学地施工建设。设计团队花费了巨大心血，才攻克这些难题。接下来，施工过程中也要克服天气和技术上的重重困难。直到1995年9月，全长522千米的塔里木沙漠公路才全线竣工，其中流动沙漠段公路全长446千米。

但公路建成后并不是一劳永逸。沙漠公路在茫茫大漠里，就像一条游弋的黑色长龙，顺着沙丘间低地起伏延伸，路面最大起伏高差可达25米，如不采取防护措施，路面随时会被流沙吞噬。因此，技术人员在公路两侧编扎了芦苇草方格用来防沙固沙，这些草方格就像锁住公路的绳索，也像蜿蜒千里的一弯碧玉似的江水，远远望去，气势雄伟壮观，为塔克拉玛干沙漠增添了一道独特亮丽的风景线。

塔里木沙漠公路是中国第一条沙漠公路，被誉为穿越"死亡之海"的传奇。这条壮美的公路同时也成为沙漠旅行爱好者的天堂。在沙漠公路起点和终点处，都建有壮观的沙漠公路彩楼，彩楼两侧书写着"千古梦想沙海变油田，今朝奇迹大漠变通途"的巨幅对联，让人不由感慨这条公路的神奇和壮阔。

独库公路

■　独库公路是连接新疆南北的一架天梯，也是中国公路建设史上的一座丰碑。它的贯通，使得南北疆路程由原来的1000多千米缩短了近一半。

如果想看遍中国新疆南北最美的风景，那一定要选择沿独库公路穿越新疆。它北起独山子，南至库车，作为连接南北疆的大通道，穿越了天山腹地。这条全长561.5千米的公路，海拔在2000米以上的路段有280多千米，一半以上的路段都在崇山峻岭、深山峡谷中穿行，沿线皆是美景——峡谷、草原、森林、雪山，一条公路带你穿越四季，看遍大自然的鬼斧神工。

修建成的独库公路，宛如一条巨龙盘卧天山。从南疆出发，一路向北，一路上新奇又刺激，这是许多旅行爱好者最爱的路线。但所有美丽的背后，都有着不平凡的故事。为了修建这条公路，不仅耗费了巨大的财力和人力，甚至还有人付出了宝贵的生命。

1974年8月，独库公路正式开工修建。因为地势险峻、难度较大，前后历经整整9年，到1983年9月，独库公路才建成通车。自开工之日起，建设者们就扎根天山深处。他们在 -20℃ 的恶劣环境中，铲冰雪、搭帐篷、支锅灶。突来的暴风雪多次使他们陷入困境，有时候大雪会连续下一个星期甚至更久，切断他们和外界的联系。虽然处境危险，但他们依然顶着严寒和暴雪继续施工。粮食不多了，就每天只喝两顿面糊；煤烧完了，就四处寻找骆驼粪代替，最后只好拆掉床板，劈柴烧火做饭。

除了暴雪外，筑路人员还面临随时会发生的雪崩和泥石流，这些突发状况是难以防备的，随时可能会有人员牺牲。在长达9年的修建过程中，先后共有168名筑路官兵献

出了宝贵的生命。为了纪念这些建设者，后人在独库公路
上修建了乔尔玛纪念碑，这是人们永远不能忘却的纪念。

独库公路是公路史上的奇迹。这条贯穿南北疆的公路
建成后，成为带动新疆旅游的黄金通道，沿途有独山子大
峡谷、那拉提草原、巴音布鲁克草原、天山大峡谷等自然
风景区，让人无限向往。

05

朝气华南

广州塔

■ 广州塔是一座具有广播电视发射、文化娱乐和城市窗口功能的电波塔，也是中国第一高塔。它被人们亲切地称为"小蛮腰"，是国家4A级旅游景区。

广州在秦汉时就是繁荣都会，汉唐以来是海上丝绸之路的重要港口城市，清朝时是中国唯一对外开放的港口城市，也是中国最早的对外通商口岸之一。

2003年，广州考虑打造一条新的城市发展轴线，提出了"城市新中轴线"的概念，并计划在新的轴线上建立俯瞰城市的制高点，最终决定在珠江和新中轴线的交会处建造一座高塔。2010年9月，广州塔正式对外开放。

广州塔的设计非常有特色，塔身是镂空的钢结构框架，呈圆形逐步扭曲成网络结构，全部用玻璃做外墙。如此有创意的设计，出自著名的荷兰设计师夫妇马克·海默尔和芭芭拉·库伊特之手。塔身整体都是网状的漏风空洞，这样的设计安全系数比较高，可以抵御8级地震和12级台风，设计使用年限超过100年。

从远处看，广州塔就像一个银光闪闪的奖杯；走近

看，广州塔则犹如一个美丽的岭南少女回望珠江，这样的造型也让广州塔有了另一个可爱的昵称——小蛮腰。

在广州塔的106层有一间旋转餐厅，这里的高度达到423米，可容纳130—150人就餐。这家餐厅在2014年获得了吉尼斯世界纪录认证，被评为"建筑物中最高的旋转餐厅"。餐厅为椭圆形环状设计，约100分钟旋转一圈，恰好以一个就餐时间段作为旋转周期，保证了所有位置的宾客都能360度全方位欣赏广州的美景。

在广州塔的488米处还有一个观景平台，这是游客登塔观光所能到达的最高点。2013年，这个观景平台同样获得吉尼斯世界纪录认证，它超越了迪拜哈利法塔的442米室外观景平台，以及加拿大国家电视塔"天空之盖"447米的高度，被评为"世界最高户外观景平台"。

广州塔吸引了大批游客前来观光。人们在半空中一睹广州全貌的同时，也体会着现代科技给城市生活带来的新变化，这一切让人颇为震撼。如今这里已经成为人们旅游度假不可错过的打卡胜地，也是当地人休闲娱乐的最佳去处之一。

广州长隆欢乐世界

■ **长隆欢乐世界是世界顶尖主题游乐园。**

　　如果你来广州，一定不要错过长隆欢乐世界。占地面积2000多亩、游乐设施近70项的广州长隆欢乐世界，是世界级的主题游乐园。除了各种刺激的游乐项目外，它还集乘骑游乐、巡游表演、特色餐饮、主题商店等服务于一体，来这里玩上一整天完全没有任何问题。

　　长隆欢乐世界的设计非常前卫，采用的是欧陆风格，开创了中国欧陆式游乐园模式的先河。和其他重主题包装、轻游乐设备的游乐场不同，长隆欢乐世界不仅重视游乐设备，更重视游乐项目与自然生态环境的融合，这样既可以让游客在优美的自然生态环境中体验刺激，也可以达到身心放松的目的。

　　长隆欢乐世界是适合各个年龄层的合家欢大型游乐园，也是少有的将生态环境与异国文化结合的游乐场，而且创造了8项亚洲和世界之最。比如它拥有全亚洲最大、水上游乐设备最多的水上乐园，高峰时每天客流量达到4万人，连续多年被国际游乐园及景点协会（IAAPA）评为"全球必去水上乐园"。此外，它的十环过山车在当时属亚洲首次引进，是全世界第二台十环过山车。长隆十环过山车曾保持"全世界最多翻滚过山车"的吉尼斯世界纪录达6年之久。

　　长隆欢乐世界自2007年开业后，市场号召力越来越强，早已形成了集旅游景点、酒店餐饮、娱乐休闲于一体的欢乐体验大联合旅游王国。每到假期，长隆都会登上热门旅行景点榜单前位，并突破地域限制，成为全中国甚至全亚洲的旅游胜地。

珠海大剧院

■　珠海大剧院是珠海的标志性建筑，坐落于珠海情侣路野狸岛海滨，由一大一小两座十分醒目的贝壳形建筑构成，当地人都称呼它为"日月贝"。它是中国唯一建设在海岛上的歌剧院，主体建筑内含1550座歌剧厅和550座音乐厅。

珠海南与澳门相连，东与香港隔海相望，是粤港澳大湾区的重要节点城市，有"浪漫之城"的美称，也是珠三角地区海洋面积最大、岛屿最多、海岸线最长的城市，因此又被称为"百岛之市"。

一座剧院、一场演出，可以引领一座城市的文化，也可以成为一座城市的名片。就是在这样的文化发展理念指引下，珠海决定修建一座歌剧院。而这座歌剧院的落成，也将为珠江三角洲地区增添新的文化地标。2009年，珠海市政府向全世界设计师公开征集珠海大剧院设计方案。

从外形上看，珠海大剧院像一对微微张开嘴的日月贝。日月贝的设计灵感来源于名画《维纳斯的诞生》，因为维纳斯这位爱与美的女神是从贝壳里诞生的，再加上日月贝只有珠三角地区独有，于是便有了日月贝的设计理念。白天，珠海大剧院会呈现出半通透的效果；如果夜游珠海大

剧院，从远处看它像两只一大一小的贝壳矗立在海边，炫目的灯光会给人带来巨大的视觉冲击，既震撼又漂亮。

整个大剧院由前厅、观众厅和舞台三部分组成，大剧场总共可容纳1600人，最小的剧场也能容纳500人，可以满足大型歌舞剧、音乐剧、芭蕾舞剧、话剧、交响乐和综合演出等需要。值得一提的是，大剧场上方设计了一条观光长廊，这是整个剧院的点睛之笔。观众走在这条观光长廊上，可以看到野狸岛四周的山海景色，会有种"人在画中游"的感觉。

大剧院除了满足演出的需求外，还设计了旅游观光和娱乐消费功能区域，兼具休闲旅游功能。自落成后，这里上演了一场又一场精彩的演出，也吸引了无数游客前来游玩观光，游客们尤其喜欢登上大剧院的最高处，在那里俯瞰整个珠海城区。

珠海大剧院设计融入了环保理念，因为当地日照充足，所以采用了太阳能清洁能源，实现低碳环保的构想；为了充分利用有限的空间，大剧院还采用了将建筑物与山相连、屋顶绿化的方式。这样在兼顾建筑美观性的同时做到了节能减排，真正将人、科技与自然融合，让珠海大剧院成为一座节能环保的现代化建筑

平潭海峡公铁大桥

■ 平潭海峡公铁大桥位于福建省福州市平潭县，是世界上最长、跨度最大的跨海峡公铁两用大桥，也是中国第一座公铁两用跨海大桥。

平潭海峡位于福州市与平潭岛之间，与百慕大、好望角并称为"世界三大风口海域"。这里一年当中6级以上的大风天数超过300天，7级以上大风超过200天，最大浪高约9.69米，因此，这里也被称为"魔鬼风区"，更被视作"建桥禁区"，想要在这里建桥，几乎是不可能完成的任务。

但就在2013年，中铁建大桥局决定挑战恶劣的自然环境，在这里建设中国第一座也是世界上最长的跨海公铁两用大桥。之所以要克服重重困难，在这样的海域建造一座大桥，是因为这座桥可以极大地改善当地交通环境，大大促进当地经济发展；同时，也会为以后海上架桥提供宝贵

的经验。虽然整座大桥全长不过16.23千米，但因自然条件恶劣，这座大桥的建设过程极其漫长，直到2019年9月，桥梁合龙工程才全部完成，大桥全线贯通，并于2020年10月公路段通车试运营。

平潭海峡公铁两用大桥是目前施工难度最大的桥梁，整个建桥过程都面临着巨大的挑战。因此，建设团队花费了大量的时间和精力研究建桥方案。大桥总投入高达120亿元人民币，先后投入了30万吨钢铁、266万吨水泥——这些材料足以建造8座迪拜塔。

平潭海峡公铁两用大桥是世界上第一条在复杂风浪涌环境下建设的海峡大桥。这项震撼世界的超级工程，上层是8车道公路，下层是设计200千米/时的高速铁路，能保证海上10级大风下依然安全矗立，丝毫不影响通行。在空中俯瞰，它宛如一条海中巨龙，连接起被大海相隔的两岸，也创造了世界建桥史上的奇迹。

厦门世茂海峡大厦

■　　厦门世茂海峡大厦是厦门新地标之一，位于厦门市思明区厦港片区。它是一座双子塔，由两个独立的塔楼组成，由裙房相连，外形像两艘巨大的帆船，因此又名双峰大厦。

厦门位于福建省南部，是一座海岛型城市，由于古时为白鹭栖息之地，因此，它还有个美丽的别称——鹭岛。厦门四季如春，又被人们称为"海上花园"。自古以来，厦门就是中国东南沿海的海防要地，现在依然是东南沿海的重要港口之一。

厦门世茂海峡大厦整体高度达到了300米，因此，它也被称为"中国第一双子塔"。它与世界最高七星级酒店迪拜帆船酒店同属一个建筑设计团队的杰作。整座建筑非常有特色，从外观上看就像两片风帆，在海面上乘风破浪，除此外还融入厦门市花三角梅的视觉元素，将城市的历史文化与时代精神融为一体。

世茂海峡大厦的整体设计风格，将这座城市充满活力、拼搏进取、开拓创新的个性体现得淋漓尽致。它建设的速度也非常惊人，每四天起一层楼的速度震惊了无数人，从开工到封顶，仅用了两年半的时间，用实力体现了中国速度。

作为厦门的新地标，世茂海峡大厦不仅是经济实力和城市文明的象征，也满足了都市人对现代化生活的需求。大厦内有高档商店、咖啡厅、餐厅等，是集购物、休闲、娱乐、餐饮等于一体的商业综合体。

值得一提的是，从这座双子塔正面看过去时，两座大楼中央的剪影会呈现出台北101大楼的形状，这体现了厦门与台湾之间不可分割的联系。

世茂海峡大厦面海而建，站在高处，可以俯瞰整个厦门的景色，非常惬意。尤其是夜晚的时候，在这里可以同

　　时感受到现代化城市的繁华和夜晚的宁静，既可以欣赏到灯红酒绿，也可以让心灵得到净化。

　　如今的世贸海峡大厦，不仅是本地人休闲娱乐的好去处，也是外地游人打卡的胜地，几乎每一位来到厦门的游客，都会登到它的最高处，欣赏这座美丽的城市。

鼓浪屿

■　　鼓浪屿享有中国最美五大城区之一的美誉，在2017年7月被列入世界遗产名录。

早在3000多年前，鼓浪屿岛就已经存在了。8世纪前后，来自中原的人们陆续登上了这座小岛，在这里开发、生产、繁衍生息。鸦片战争之后，厦门成为通商口岸，外国殖民者纷纷来鼓浪屿定居或暂居。他们开始在岛上兴建教会学校、医院、教堂、领事馆等，但最多的还是豪华公馆与私家花园建筑。许多建筑规模宏大、耗资昂贵，如今这些建筑已改作公共建筑使用，但依旧未改昔日的风采。

鼓浪屿的标志性建筑有很多，其中，皓月园是为了纪念郑成功收复台湾的功绩而建的，园内最引人瞩目的当数郑成功雕像，表达了人们对英雄的怀念和敬重。岛上还有一座风琴博物馆，这也是目前中国唯一的风琴博物馆。博物馆的建筑八卦楼非常亮眼，它融东西方建筑风格于一体，体现了复古的美感。馆内收藏了各式各样的风琴，这些风琴已经有了岁月的印记，有一种很强烈的年代感。

日光岩是鼓浪屿的最高点，站在日光岩的顶端，可以俯瞰鼓浪屿全岛风光。登上日光岩，脚下就是蔚蓝的大海，非常壮观。许多游客都会选择来这里看日出，清晨看着太阳从海平面缓缓升起，是一件特别美妙的事情。

除了让人留恋的建筑和景点外，鼓浪屿之所以受人喜欢，和它的绿化程度也有着很大的关系。鼓浪屿全岛的绿地覆盖率超过40%，植物种群丰富，各种乔木、灌木、藤木、地被植物共90余科、1000余种，它们都是净化空气的天然好帮手。

鼓浪屿素有"文艺圣地"之称，不管是年代久远的建筑，还是古朴的砖墙，抑或狭窄的小巷、街角的咖啡店，

都会给人一种"文艺感"。因此，这里也是文艺青年的最爱。当生活压力大、工作焦虑的时候，来鼓浪屿住上几天，一定会收获一个好心情。

魅力港澳台

香港维多利亚港

■　　香港维多利亚港是世界三大天然良港之一，位于香港岛和九龙半岛之间。2005年，维多利亚海湾的海岸曾被评为中国最美八大海岸之一。

香港是中华人民共和国特别行政区。1997年7月1日，中国政府对香港恢复行使主权，香港特别行政区成立。现在的香港是一座高度繁荣的自由港和国际大都市，与纽约、伦敦并称为"纽伦港"，是全球第三大金融中心。

维多利亚港的形成最早可追溯到1万多年前，当时海港附近的地域是大陆山脉的延伸部分。在漫长的历史进程中，由于山体断裂下沉与海水入侵，香港岛与陆地（今天的九龙半岛）分离，逐渐形成了今天的维多利亚港湾。

维多利亚港地理位置优越，得天独厚的自然条件使其可以停泊远洋巨轮。而作为一个历史悠久的港口，维多利亚港也见证了香港不平凡的历史进程。

维多利亚港自古就是国家的重要航道。早在宋朝时期，就有军队在此驻守，保护盐的海上贩运，不过那时维多利亚港还不叫这个名字。直到清朝末期，英国殖民者看中了它，维多利亚港的命运就此改变。当时正值维多利亚女王在位，所以英国人将海港正式命名为维多利亚港。

夺得维多利亚港的使用权后，英国人在南岸（香港岛）逐渐修建了漂亮的建筑和街道，从客观上带动了香港的经济发展，使其从一个几千人的小渔村发展成为繁华大都市。100多年来，维多利亚港所扮演的角色远远超越了一个普通的港口，它是香港重要的天然资源，主导着香港的经济发展，也一直影响着香港的历史文化。

一年四季，繁忙的渡海小轮穿梭在维多利亚港南北两岸之间，无论是白天还是夜晚，都能听到渔船、邮轮、观光船、万吨巨轮的汽笛声，交织出美妙的海上繁华景象。维多利亚港见证了香港的商贸、经济和旅游业的变迁，也是香港居民交通出行不可或缺的部分，每天都有约百万人次穿梭在其南北两岸。

如今，维多利亚港被赋予了更多意义，它是重要的海港口岸，也是深受国内外游客喜欢的地方。很多来香港的游客都不愿错过维多利亚港的夜景，漫步在岸边，远处的鸣笛声，偶尔吹过来的轻风，都会让人放松心情。

港珠澳大桥

■ 　港珠澳大桥位于广东省珠江口伶仃洋区域内，是一座连接香港、珠海和澳门的桥隧工程，曾获2020年国际桥梁大会（IBC）超级工程奖。

　　澳门是中华人民共和国特别行政区，北与广东省珠海市相连，东与香港特别行政区隔海相望。1999年12月20日，中国政府对澳门恢复行使主权。

　　经过100多年东西方文化的碰撞，澳门成为一个中西合璧、风貌独特的城市，留下了大量的历史文化遗迹。

　　20世纪80年代，香港、澳门和内地之间的交通运输已经较为完善，但香港和珠江三角洲西岸地区的交通因伶仃洋的阻隔受到了很大的限制，这也影响了香港本地的经济发展。到90年代末，很多人认为应该修建一条连接港珠澳三地的海航通道，于是提出了修建伶仃洋大桥的规划。不过因为种种原因，这个项目一直没有执行。到2003年，伶仃洋大桥项目正式被港珠澳大桥项目取代。

　　港珠澳大桥从筹备到建成，整整历时15年，投入了巨大的人力、物力和财力。这座全世界里程最长、钢结构最大、施工难度最大的大桥，创造了多项世界纪录。在此之前，国外很多人都不相信中国人真的能把这座大桥建起来。

　　港珠澳大桥兴建之初，就面临着技术复杂、经验匮乏、施工难度大等种种难题，其中最大问题是建设外海沉管隧道。当时，全中国的沉管隧道工程加起来还不到4千米，而且这次是要在外海环境下建沉管隧道，难度系数可

想而知。为了解决这个问题，大桥总工程师林鸣满世界取经，先是到了韩国，结果惨遭拒绝；后又去了荷兰，对方要价15亿元，可相应的经费预算只有3亿元，经过几轮谈判也未达成合作。接二连三碰壁后，林鸣想到了解决问题的办法——自主攻关。

在没有外国技术支持的情况下，要攻克这个难题非常不易，但再苦再难，林鸣和团队都没有退缩。2013年5月，整个团队不眠不休奋战了96个小时，才把第一节沉管隧道安装成功。可在安装第15节沉管时，又遇到了新的阻碍，不仅遇上了罕见的低温，还有1米多高的大浪，有施工人员差点牺牲。但在紧要关头，没有一个人退缩，试了3次才最终安装成功。2017年5月，最后一节沉管安装成功，整个团队用9年时间创造了奇迹。

港珠澳大桥可以抵御8级地震、16级台风、30万吨撞击以及珠江口300年一遇的洪潮，设计使用寿命是120年，是造福子孙后代的伟大创举。

如今，港珠澳大桥已全线通车，它极大地缩短了香港、珠海和澳门三地间的距离，也是中国从桥梁大国走向桥梁强国的里程碑之作。目前已陆续有旅行团开通了港珠澳大桥观光业务，这让无数人不仅可以听闻，还可以零距离接触这座闻名世界的大桥，感受这项工程的壮观和伟大。

台北 101 大楼

■　**台北101大楼是台北的地标性建筑，坐落于台北信义区金融贸易区中心，2004年曾被认定为世界最高建筑物。**

台湾省地处中国东南海域，与福建省隔海相望。省会台北市历史悠久，留下的遗迹众多。1875年清朝钦差大臣沈葆桢在此建立台北府，意为台湾之北，从此有了"台北"之名。

台北101大楼的设计特别有意思，它是以数字8作为设计单位，每8层形成一组自主构成的空间，远远望去就像一支巨大的温度计。101大楼高508米，在最高层的观景台可以俯瞰整个台北，非常壮观。

为了修建这座标志性建筑，设计师们耗费了许多心血。因为台北位于地震地带，每年夏天又会刮台风，所以防强震和抵御台风是修建台北101大楼首先需要解决的两大问题。为了避免强震所带来的破坏，只能增加大楼的弹性，所以台北101大楼的中心是由一个外围8根钢筋的巨柱所组成的。

防震问题解决了，但是弹性太大也存在安全隐患。弹性过大，在微风的冲击下，大楼就随时会有摇晃的可能。最后，建设团队在大楼88层至92层挂置了一个重达660千克的巨大钢球，利用钢球的摆动来减缓建筑物的晃动幅度。这个钢球其实是一个阻尼器，这也是世界上唯一对游客开放的巨型阻尼器。

台北101大楼落成后，不仅形成了繁荣的金融商圈，还成为举办各种大型活动的首选地。每年这里都会举办以烟火为主题的跨年活动，而登高赛、明星演唱会等活动更是频繁上演。

台北101大楼曾获得多项荣誉，曾被认定为世界最高建筑物、世界最高使用楼层以及世界最高屋顶高度，还被列入吉尼斯世界纪录的最快速电梯、世界最长行程的室内电梯。

如今的台北101大楼，不仅作为现代化大楼满足人们日常需求，也是旅游观光胜地。在天气允许的情况下，由89楼拾级而上，近距离观看508米高的塔尖，体验高空风过、云雾围绕的感觉，将会是一种特别的享受。